普通高等教育土建学科专业"十一五"规划教材
全国高职高专教育土建类专业教学指导委员会规划推荐教材

空调系统调试与运行

(供热通风与空调工程技术专业适用)

本教材编审委员会组织编写
刘成毅 主 编
苏德全 毛 辉 副主编
张金和 主 审

中国建筑工业出版社

图书在版编目（CIP）数据

空调系统调试与运行/刘成毅主编.—北京：中国建筑工业出版社，2004

普通高等教育土建学科专业"十一五"规划教材.全国高职高专教育土建类专业教学指导委员会规划推荐教材.供热通风与空调工程技术专业适用

ISBN 978-7-112-06916-3

Ⅰ.空… Ⅱ.刘… Ⅲ.①建筑-空气调节系统-调试-高等学校:技术学校-教材②建筑-空气调节系统-运行-高等学校:技术学校-教材 Ⅳ.TU831.3

中国版本图书馆 CIP 数据核字（2004）第 122899 号

普通高等教育土建学科专业"十一五"规划教材
全国高职高专教育土建类专业教学指导委员会规划推荐教材
空调系统调试与运行
（供热通风与空调工程技术专业适用）
本教材编审委员会组织编写
刘成毅 主 编
苏德全 毛 辉 副主编
张金和 主 审

*

中国建筑工业出版社出版、发行（北京西郊百万庄）
各地新华书店、建筑书店经销
北京建筑工业印刷厂印刷

*

开本：787×1092毫米 1/16 印张：10¼ 字数：246千字
2005年1月第一版 2014年7月第六次印刷
定价：15.00元
ISBN 978-7-112-06916-3
(12870)

版权所有 翻印必究
如有印装质量问题，可寄本社退换
（邮政编码 100037）

本书是全国高职高专教育土建类专业教学指导委员会规划推荐教材。全书比较详细、完整地介绍了空调系统安装完毕后的试运行调试程序和方法，同时也介绍了空调系统运行中的日常管理、保养和维修知识。全书共六章，主要内容包括：空调测试仪表与使用方法、空调系统试运行与调试的准备工作、空调电气与自动控制系统调试、空调水系统及制冷系统试运行与调试、空调系统试运行与调试、空调系统运行与维护。

　　本书在内容和编排上均与工程实际有较好的结合，除作为教材外，还可供从事空调安装工程和运行管理的技术人员参考。

* * *

　　责任编辑：齐庆梅　朱首明
　　责任设计：刘向阳
　　责任校对：刘　梅　王　莉

本教材编审委员会名单

主　任：贺俊杰
副主任：刘春泽　张　健
委　员：陈思仿　范柳先　孙景芝　刘　玲　蔡可键
　　　　蒋志良　贾永康　王青山　余　宁　白　桦
　　　　杨　婉　吴耀伟　王　丽　马志彪　刘成毅
　　　　程广振　丁春静　胡伯书　尚久明　于　英
　　　　崔吉福

序　言

全国高职高专教育土建类专业教学指导委员会建筑设备类专业指导分委员会（原名高等学校土建学科教学指导委员会高等职业教育专业委员会水暖电类专业指导小组）是建设部受教育部委托，并由建设部聘任和管理的专家机构。其主要工作任务是，研究建筑设备类高职高专教育的专业发展方向、专业设置和教育教学改革，按照以能力为本位的教学指导思想，围绕职业岗位范围、知识结构、能力结构、业务规格和素质要求，组织制定并及时修订各专业培养目标、专业教育标准和专业培养方案；组织编写主干课程的教学大纲，以指导全国高职高专院校规范建筑设备类专业办学，达到专业基本标准要求；研究建筑设备类高职高专教材建设，组织教材编审工作；制定专业教育评估标准，协调配合专业教育评估工作的开展；组织开展教学研究活动，构建理论与实践紧密结合的教学内容体系，构筑"校企合作、产学研结合"的人才培养模式，为我国建设事业的健康发展提供智力支持。

在建设部人事教育司和全国高职高专教育土建类专业教学指导委员会的领导下，2002年以来，全国高职高专教育土建类专业教学指导委员会建筑设备类专业指导分委员会的工作取得了多项成果，编制了建筑设备类高职高专教育指导性专业目录；制定了"供热通风与空调工程技术"、"建筑电气工程技术"、"给水排水工程技术"等专业的教育标准、人才培养方案、主干课程教学大纲、教材编审原则，深入研究了建筑设备类专业人才培养模式。

为适应高职高专教育人才培养模式，使毕业生成为具备本专业必需的文化基础、专业理论知识和专业技能、能胜任建筑设备类专业设计、施工、监理、运行及物业设施管理的高等技术应用性人才，全国高职高专教育土建类专业教学指导委员会建筑设备类专业指导分委员会，在总结近几年高职高专教育教学改革与实践经验的基础上，通过开发新课程，整合原有课程，更新课程内容，构建了新的课程体系，并于2004年启动了"供热通风与空调工程技术"、"建筑电气工程技术"、"给水排水工程技术"三个专业主干课程的教材编写工作。

这套教材的编写坚持贯彻以全面素质为基础，以能力为本位，以实用为主导的指导思想。注意反映国内外最新技术和研究成果，突出高等职业教育的特点，并及时与我国最新技术标准和行业规范相结合，充分体现其先进性、创新性、适用性。它是我国近年来工程技术应用研究和教学工作实践的科学总结，本套教材的使用将会进一步推动建筑设备类专业的建设与发展。

"供热通风与空调工程技术"、"建筑电气工程技术"、"给水排水工程技术"三个专业教材的编写工作得到了教育部、建设部相关部门的支持，在全国高职高专教育土建类专业教学指导委员会的领导下，聘请全国高职高专院校本专业享有盛誉、多年从事"供热通风与空调工程技术"、"建筑电气工程技术"、"给水排水工程技术"专业教学、科研、设计的副教授以上的专家担任主编和主审，同时吸收工程一线具有丰富实践经验的高级工程师及优秀中青年教师参加编写。可以说，该系列教材的出版凝聚了全国各高职高专院校"供热通风与空调工程技术"、"建筑电气工程技术"、"给水排水工程技术"三个专业同行的心血，也是他们多年来教学工作的结晶和精诚协作的体现。

各门教材的主编和主审在教材编写过程中认真负责，工作严谨，值此教材出版之际，全国高职高专教育土建类专业教学指导委员会建筑设备类专业指导分委员会谨向他们致以崇高的敬意。此外，对大力支持这套教材出版的中国建筑工业出版社表示衷心的感谢，向在编写、审稿、出版过程中给予关心和帮助的单位和同仁致以诚挚的谢意。衷心希望"供热通风与空调工程技术"、"建筑电气工程技术"、"给水排水工程技术"这三个专业教材的面世，能够受到各高职高专院校和从事本专业工程技术人员的欢迎，能够对高职高专教学改革以及高职高专教育的发展起到积极的推动作用。

全国高职高专教育土建类专业教学指导委员会
建筑设备类专业指导分委员会
2004年9月

前　言

　　本书是全国高职高专教育土建类专业教学指导委员会规划推荐教材。全书共分六章，内容包括大、中型空调系统安装试运行调试和工作运行的日常管理与维修保养两部分。高等职业教育"供热通风与空调工程技术"专业主要培养在施工现场第一线从事安装与调试工作的应用型技术人才，因此本书着重介绍空调系统安装完毕后的试运行调试从准备工作到竣工验收的实施程序和工艺方法。同时第六章也较详细地介绍了空调系统工作运行的日常管理、操作和维修保养基本知识。在内容的安排上注意了这两部分各自的系统性和完整性，又避免了重复且可以相互借鉴。

　　根据高职教育应突出"实用"的特点，我们在内容的选用和编排上做了一些新的尝试。首先是教材内容与空调工程实际紧密结合，将大量来源于现场第一线的技术和管理信息融入教材。同时我们希望做到：教材各章、节、段的内容编排顺序尽量与工程实际的实施过程一致，各章节的知识点与工程中的技术点一一对应，使知识结构能够比较完整、实用，以适应用人单位对学生毕业即能上岗的要求。但因时间很仓促，有一些设想和内容来不及准备和完善，未能在本书中体现，对此感到遗憾，待以后进一步补充提高。因编者水平有限，书中难免有错误和不妥之处，敬请批评指正。

　　安排本课程教学应注意与其他课程在时间上的先后关系。本课程要求学生已具备空调、制冷和测控技术等方面的知识。由于教学内容有很强的实践性和技术性，课堂教学后应结合现场实习，让学生将所学知识得以巩固和充实。

　　本书由刘成毅主编并统稿，副主编为苏德全、毛辉。具体分工是：刘成毅（绪论、第1章第1、5节，第2章第1、2、3节、第5章），商利斌（第1章第2、3、4、6、8节），毛辉（第1章第7节，第2章第4节，第4章第1、5节，第6章第1节），刘昌明（第3章第2、3、4节），苏德全（第3章第1节，第4章第2、3、4节），胡亮（第6章第2节），第6章第3节由毛辉与胡亮合编。山东建筑工程学院张金和教授审校了全书，为本书的编写提出了许多宝贵的意见和建议，内蒙古建筑职业技术学院贺俊杰教授审阅了全部书稿，也提出了许多宝贵的建议，编者向他们表示衷心的感谢。在此也向本书参考文献的作者表示感谢。

目 录

绪论 ··· 1
第一章 空调测试仪表与使用方法 ··· 4
  第一节 测量仪表的基本特性 ··· 4
  第二节 温度测量 ··· 6
  第三节 湿度测量 ··· 9
  第四节 压力测量 ··· 11
  第五节 流速与流量测量 ··· 14
  第六节 噪声测量 ··· 16
  第七节 高效过滤器检漏仪器及其方法 ··· 20
  第八节 制冷剂检漏 ··· 22
  思考题与习题 ·· 24
第二章 空调系统试运行与调试的准备工作 ··· 25
  第一节 空调系统试运行与调试执行标准与规范 ·································· 25
  第二节 施工准备 ··· 28
  第三节 空调系统试运行调试方案的编制 ·· 30
  第四节 空调系统试运行调试方案示例 ··· 34
  思考题与习题 ·· 39
第三章 空调电气与自动控制系统调试 ··· 40
  第一节 空调自动控制与调节系统基本知识 ······································· 40
  第二节 空调自动控制与调节系统图例简介 ······································· 41
  第三节 空调电气与自动控制系统通电前的检查测试 ··························· 48
  第四节 空调电气与自动控制系统通电检查与调试 ······························ 50
  思考题与习题 ·· 54
第四章 空调水系统及制冷系统试运行与调试 ····································· 55
  第一节 冷却水系统与冷冻水系统试运行与调试 ·································· 55
  第二节 活塞式制冷压缩机试运行与调试 ·· 59
  第三节 螺杆式制冷压缩机试运行与调试 ·· 66
  第四节 离心式制冷压缩机试运行与调试 ·· 69
  第五节 溴化锂吸收式制冷机的试运行与调试 ···································· 72
  思考题与习题 ·· 78
第五章 空调系统试运行与调试 ·· 80
  第一节 空调风系统设备单机试运行与调试 ······································· 80
  第二节 空调风系统风量测定与调整 ·· 87

第三节　空调系统无负荷联合试运行与调试 …………………………… 93
　　第四节　竣工验收与空调系统综合效能测定 …………………………… 98
　　思考题与习题 ………………………………………………………………… 103
第六章　空调系统运行与维护 ………………………………………………… 104
　　第一节　空调运行管理的意义 …………………………………………… 104
　　第二节　空调系统运行与管理 …………………………………………… 105
　　第三节　空调系统日常维护与故障分析 ………………………………… 123
　　思考题与习题 ………………………………………………………………… 151
参考文献 ………………………………………………………………………… 153

绪 论

一、空调试运行与调试的任务

从世界上第一台具有制冷能力的空调在 20 世纪初诞生以来，空调的发展已有近 100 年的历史，我国最早使用集中空调系统的记录是 20 世纪 30 年代的上海大光明电影院。20 世纪 50 年代至 80 年代，空调在我国主要用于国防、科研和少数工业生产部门。改革开放以来，随着国民经济的飞速发展，空调技术已得到了非常广泛的应用。目前，在影剧院、大型商场、体育馆、高档宾馆和办公楼，以及各种娱乐场所安装空调已经非常普遍，家用空调也正在普及。特别是最近 10 年通过与国外技术的交流和引进，我国空调制造业有了长足的发展，已具备非常强大的研发和生产实力，产品种类和规格与国际同步，许多产品已达到世界先进水平并销往国外。进入 21 世纪以后，根据人们对社会发展和环境保护的新认识，健康、环保、节能等要求已逐步在设备制造和工程设计中得以体现，空气调节技术正处于一个新的发展时期。

空调系统的运行质量首先取决于设计、制造和安装三个方面。先进的设计方案和优良的产品质量是保证空调系统良好工作性能的基础，但系统的最终质量还要靠安装来实现。特别是大中型空调工程，需要把由不同厂家生产的各种类型规格的材料、半成品、成品、部件、设备，通过在现场安装形成完整的系统，并使其稳定、可靠的运行，从而为用户提供符合设计要求的人工环境，这是一个相当复杂的工艺过程。大中型空调安装工程在技术方面涉及机械、电子、制冷、控制等多个专业领域，在施工中要执行和应用多种标准、规范和技术文件，而且工期会长达数月甚至数十个月，这要求施工单位在安装全过程中实行严格的质量控制。

根据《通风与空调工程施工质量验收规范》（GB 50243—2002），见表 0-1，大中型空调工程含有三个子分部工程，分别对应空调风系统、制冷系统和水系统三个子系统。实际上，完整意义的空调系统安装还包括电气系统和自动控制与调节系统。前者属于建筑电气分部工程，后者属于智能建筑分部工程。每台设备、每个子系统能否正常工作，整个系统联合运行能否达到设计要求，这不可能完全由安装中静态质量检查与控制来保证，有一些缺陷和故障隐患也无法在静态被发现，因此空调工程正式投入使用前必须经过试运行与调试。空调系统试运行与调试一般分两个阶段，其主要任务是：

（1）第一阶段，实现设备与系统由静到动的转换，进行单机与子系统试运行与调试，以及全系统无负荷联动试运行与调试，主要检查制造与安装的质量，排除故障和隐患，使各子系统协调工作，与负荷无关的主要技术指标达到设计要求，该过程由施工单位负责。

（2）第二阶段，主要发现和解决设计中存在的问题。系统一般应带负荷运行，通过调整，使空调系统在满足工艺条件的前提下，全面实现设计的各项技术经济指标。该过程也称系统综合效能测定与调整，由建设单位负责，设计、施工单位配合工作。

通风与空调分部工程的子分部划分　　　　　　　　　　　表 0-1

子分部工程	分 项 工 程	
送、排风系统	风管与配件制作	通风设备安装，消声设备制作与安装
防、排烟系统	部件制作	排烟风口、常闭正压风口与设备安装
除尘系统	风管系统安装	除尘器与排污设备安装
空调系统	风管与设备防腐	空调设备安装，消声设备制作与安装，风管与设备绝热
净化空调系统	风机安装 系统调试	空调设备安装，消声设备制作与安装，风管与设备绝热，高效过滤器安装，净化设备安装
制冷系统	制冷机组安装，制冷剂管道及配件安装，制冷附属设备安装，管道及设备的防腐与绝热，系统调试	
空调水系统	冷热水管道系统安装，冷却水管道系统安装，冷凝水管道系统安装，阀门及部件安装，冷却塔安装，水泵及附属设备安装，管道及设备的防腐与绝热，系统调试	

　　空调工程施工作为一个生产过程，安装完成的空调系统就是产品。作为生产者，完成产品的试运行调试是施工单位的责任。在第一阶段，所有单机设备需要启动试运行，各子系统和全系统需要联合调试。虽然有的重要设备是由生产厂家派人试运行，但由于施工单位承担了全部工程的安装工作，最熟悉工程的具体情况，具有组织多专业、多工种技术力量配合的能力，必定是整个工作的主持者。在试运行调试中，如果设计、制造或安装被检查发现有问题，应该由责任方负责解决。由于不带负荷，第一阶段主要检查制造与安装的质量，调试系统的运行状态。试运行调试所有规定的检测和调试项目应该达到国家现行规范的质量标准。在第一阶段试运行与调试合格以后，工程可以进入竣工验收程序。

　　第一阶段试运行与调试合格，并不能说明系统在负荷条件下就一定能达到设计的技术指标。第二阶段主要检查在带负荷条件下空调系统的运行情况。当某些指标达不到设计的要求时，还需进一步调整。由于需要空调系统服务的对象也处于工作状态，特别是工艺性空调，其效能测定与调整和车间生产有联系又有矛盾，因此应掌握好第二阶段试运行与调试的时间，宜安排在生产设备试运行或试生产阶段，当然这项工作只能由建设单位（或业主）来组织和实施。空调系统综合效能测定和调整的具体项目内容的选定，应由建设单位或业主根据产品工艺的要求进行综合衡量为好。一般以适用为准则，不宜提出过高的要求。第二阶段试运行与调试合格以后，可以进入工程移交程序。

　　空调工程、特别是大型工程的试运行与调试涉及项目多，技术难度大，持续时间也比较长。而且实施过程中建设、施工、设计以及监理单位与供应商要分别履行自己的责任。本书的目的之一是帮助学习者了解在空调试运行与调试过程中工程参与各方的职责，领会整个过程的实施程序，掌握操作的基本方法。

二、空调系统运行管理的意义与现状

　　空调工程移交以后，其保修期为两个采暖期和供冷期。在此期间出现的问题，要分析是由于设计、制造、安装或是使用的原因，由责任方承担经济损失，而安装单位将履行保修职责。但使用单位也应对空调系统的运行制定完善的管理制度，安排专职人员对空调系统进行日常运行管理和维护保养工作。使用单位对人员的培训宜提前到空调设备安装阶段完成，通过参与空调系统的试运行与调试，以及在保修期配合安装单位工作，为以后的运行管理和维护保养积累经验。

　　对空调系统的运行管理，是继系统设计、设备制造和施工安装之后，第四个决定空调系统运行质量的重要环节。实践证明，空调系统管理人员具有良好的技术素质和责任心，在运行中执行正确的管理制度，可以及时发现和消除事故隐患，延长设备的使用寿命，使空调系统长期保持良好的技术状态。对于工艺性空调和净化空调，因其为生产和科研服务，运行状态将直接关系到产品的质量或科学研究的成败。对用于生物试验的净化空调系统，出现故障还可能造成灾难性后果。因此这类空调系统都应有健全的运行管理制度和技术良好的管理与操作人员。而对使用更广泛的大中型舒适性空调系统，使用单位普遍还未给予足够的重视。多项调查表明，许多空调系统运行都存在各种各样的问题，甚至有的故障已使房间无法实现正常的空气调节，而系统仍在盲目运行使用。我国某高校在对某一地区中央空调使用情况调查中竟发现有一单位空调系统的 31 个风机盘管，电磁阀卡死就有 15 个。还有的用户不熟悉空调的自动控制与节能系统，无法使这部分设备正常工作，造成对该部分的投资无法取得预期的效果。出现这种现状的另一个主要原因是缺乏从事空调系统运行管理的技术人才。前面已经讲到，空调系统具有设备多、技术先进、涉及专业广等特点，一般短期培训难以掌握技术要领。因此使用单位对制造厂生产、施工单位安装的成品质量，只是被动的接受，不能积极主动进行维护和保养。空调系统"带病"运行司空见惯，不但建筑室内环境无法满足要求，设备使用也达不到设计的寿命，甚至可能由"小病"酿成大事故，使国家和人民的财产遭受不应有的损失。众多空调系统运行管理不善，也会造成大量的能源浪费。我们希望这种现状尽快得以改善。高职院校供热通风与空调工程技术专业培养的学生，应该既能到安装施工第一线，又能适合空调系统运行管理的工作，本书也希望为培养这方面人才提供必备的基本知识。随着建筑物业管理的发展，大量懂理论、有技术的高职院校毕业生充实到该领域后，应该使空调系统的运行管理，乃至整个建筑设备物业管理的水平得到较大提高。

第一章　空调测试仪表与使用方法

空调系统在试运行与调试过程中要完成多项测试工作。测量工作能否顺利完成，测量精度能否满足要求，将取决于对测量仪表的选择和使用两个方面。因此，测试人员应该熟悉空调测试常用仪表，了解它们的结构组成、工作原理和基本特性，掌握正确的使用方法。本章介绍在空调测试中常用的仪表和使用方法。

第一节　测量仪表的基本特性

一、测量误差与测量精度

1. 测量误差及分类

任何测量都必定存在误差。测量误差是指对被测量进行测量时，测量结果与被测量真值之间的差。测量误差根据其性质可以分为三类，即系统误差、偶然（随机）误差和过失误差。

（1）系统误差。其特点是在相同测量条件下，对同一被测量进行多次测量，产生的误差大小正负保持不变，或按一定规律变化。系统误差可以消除，例如用高精度级量仪检定其误差值并绘制修正表等，从测量结果中剔除系统误差。对测量仪表细心的保存、安装和使用也是避免产生系统误差的有效措施。

（2）偶然误差。是指在相同测量条件下，对同一被测量进行多次测量时，因受到大量微小的和无法掌控的随机因素的影响而产生的误差。测量中这种误差的大小正负变化没有一定规律，无法修正或消除，这种误差称偶然误差或随机误差。偶然误差是误差理论研究的对象。在等精度测量中，偶然误差服从统计规律。随着测量次数的增加，偶然误差的算术平均值将逐渐接近于零，因此，多次测量结果的算术平均值将更接近于真值。

（3）过失误差。这种误差是由于测量者粗心大意或操作不正确所造成的，如读错、记错、算错等。此类误差有时容易发现，有时则很难发现，一般用换人复测的方法可以避免，也必须避免。

2. 测量精度

测量精度指测量结果与真值的接近程度，与测量误差对应，可以从三个方面进行描述，即准确度、精密度和精确度。

（1）准确度反映系统误差对测量结果的影响，系统误差大即准确度低。

（2）精密度反映偶然误差对测量结果的影响，偶然误差大即精密度低。

（3）精确度同时反映系统误差和偶然误差对测量结果的影响。

如果测量中无过失误差，已经修正或消除了系统误差，对未发现或未掌握其规律的系统误差作为偶然误差处理，那么测量精度就只涉及偶然误差。

在等精度测量中，误差理论分析偶然误差常用的指标之一是均方误差，均方误差小则测量精度高。对同一被测量进行 n 次测量，通常规定每单次测量的极限误差为三倍均方误差 σ。而 n 次测量的算术平均值的极限误差为 $3\sigma/\sqrt{n}$。若重复测量4次，测量结果算术平均值的测量精度比单次测量提高一倍。一般测量重复 2~4 次为宜。

二、测量仪表的基本特性

对被测量进行测量，测量者操作认真负责并对测量结果进行数据处理可以提高测量精度。但测量结果的可靠程度主要取决于测量仪表的性质。下面介绍测量仪表的基本特性。

1. 测量仪表的精度

测量仪表的精度影响测量精度，但二者的含义不同。要了解测量仪表的精度应先了解测量仪表的绝对误差和百分误差概念。被测量的测得值与被测量的标准值之差为绝对误差。所谓标准值是用精确度高 3~5 倍的标准仪表测量的结果。对测量仪表校检中各点的绝对值最大的绝对误差作为测量仪表的绝对误差，这里用 Δ_m 表示。百分误差则为：

$$\delta = \pm \frac{\Delta_m}{L_a - L_b} \times 100\% \tag{1-1}$$

式中 δ——百分误差；

L_a、L_b——测量仪表的刻度上限与下限。

百分误差的绝对值去掉 "%" 后剩下的数字为仪表的精度。我国仪表工业目前采用的精度等级系列为：0.005、0.01、0.02、（0.035）、0.04、0.05、0.1、0.2、（0.35）、0.5、1.0、1.5、2.5、4.0、5.0。

【例 1-1】 某测温仪表的测温范围为 200~1000℃，校验时得到的最大绝对误差为 5℃，试确定该仪表的精度等级。

【解】 由式（1-1），该仪表的百分误差为

$$\delta = \pm \frac{5}{1000 - 200} \times 100\% = \pm 0.625\%$$

去掉 "%" 后的绝对值为 0.625，处于 0.5 与 1.0 级之间，精度等级应定为 1.0 级。

仪表精度也称为仪表准确度，有时也用仪表的绝对误差直接定义仪表准确度。在理解测量仪表精度等级概念时应注意以下几点：

（1）测量仪表的绝对误差与被测量的大小无关。例如，某一温度仪表的精度为 1.0 级，测量范围为 50~100℃，如果使用这一温度表来测量温度，无论你测的温度值是 60℃ 还是 80℃，绝对误差均为 ±0.5℃。

（2）同一精度，不同量程的两台测量仪表，在对同一被测量进行测量时，产生的绝对误差可能不同。例如，两只精度均为 1.0 级的温度计，一个测量范围为 0~50℃，另一个为 0~100℃，用这两只温度计去测同一约 40℃ 的温度值，前者可能产生的绝对误差为 ±0.5℃，后者为 ±1.0℃。因此选用测量仪表时，在满足被测量数值范围的前提下，尽可能选择小量程，使测量值在上限或全量程的 2/3~3/4 处为宜，这样可以减小测量误差。

（3）用户不能按自己检定的百分误差随意给仪表升级使用，但可以降级使用。

（4）仪表的精度等级表示可能的误差值大小，但绝不意味该仪表在实际测量中会出现这么大的误差。

2. 恒定度

当外部条件不变时，用同一测量仪表对某一被测量进行重复测量，指示值之间的最大差数与仪表量程之比的百分数为读数变差。读数变差也指当仪表指针上升（正行程）与下降（反行程）时，对同一被测量所得读数之差。变差大小即反映了仪表多次重复测量时，其指示值的稳定程度，称为恒定度。仪表读数的变差不应超过仪表的百分误差，如 1.0 级的测量仪表，读数变差不应超过 1%。

3. 灵敏度

灵敏度是表征测量仪表对被测量变化的反应能力。对于给定的被测量，测量仪表的灵敏度用仪表指示值的增量（输出增量，即仪表指针的线位移或角位移等）与引起该增量的被测量增量（输入增量）之比来表示，当输入与输出量的量纲相同时，灵敏度也称为放大比或放大因数。

有刻度盘的测量仪表，被测量的变化可以通过仪表指针位移被测出。较小的被测量变化若引起较大的仪表指针位移则灵敏度高，但被测量的变化波动会影响读数。两相邻刻线间隔所表示的量值差称为分度值。一般要求刻度间隔大于 0.8mm。有经验的测量人员可以估读 1/3～1/4 分度值。

4. 灵敏度滞阻

灵敏度滞阻又称为灵敏阈或灵敏限，也称分辨率，是指能够引起测量仪表指示值出现可察觉变化的被测量的最小变化值。它表征了仪表响应与分辨输入量微小变化的能力。一般仪表的灵敏度滞阻应不大于仪表绝对误差的一半。

了解以上测量仪表的基本特性，对正确选用测量仪表会有所帮助。但仪表出厂标定的特性参数在使用中会发生变化，测量仪表应按有关规定定期校检。空调系统测试必须使用检定合格并在保证期内的仪表。

第二节 温度测量

温度是一个重要的物理量。它是国际单位制（SI）中 7 个基本物理量之一，也是空调测试中的一个重要被测参数。

温度不能直接测量，而是借助于物质的某些物理特性是温度的函数，通过对这些物理特性变化量的测量间接地获得温度值。空调系统测试中常用的有水银玻璃管温度计和数字式温度计。

一、常用测温仪表

1. 水银玻璃管温度计

玻璃管液体温度计利用液体体积随温度升高而膨胀的原理制作而成。由于液体膨胀系数远比玻璃的膨胀系数大，因此当温度变化时，就引起工作液体在玻璃管内体积的变化，从而表现出液柱高度的变化。若在玻璃管上直接刻度，即可读出被测介质的温度值。为了防止温度过高时液体胀裂玻璃管，在毛细管顶部须留有一膨胀室。其结构如图 1-1 所示。

水银玻璃管温度计的液体为水银。它的优点是直观、测量准确、结构简单、造价低廉，因此应用广泛。但其缺点是不能自动记录、不能远传、易碎、测温有一定迟延。

2. 数字式温度计

数字式温度计一般由热电偶、补偿导线及测量仪表构成。其结构复杂，但可靠性和精度较高，测温范围广，便于测量和读数。能用于远距离、多点、集中测量和自动控制。

热电偶的测温原理是基于1821年塞贝克发现的热电现象。两种不同的导体 A 和 B 连接在一起，构成一个闭合回路，当两个接点 1 与 2 的温度不同时（见图1-2），如 $T > T_0$，在回路中就会产生热电动势，此种现象称为热电效应。该热电动势就是著名的塞贝克温差电动势，简称为热电动势。导体 A、B 称为热电极，测量端通常焊接在一起，如图中1点所示，测量时将它置于被测温度场感受被测温度，故称为测量端。接点2要求温度恒定，为参考端（也称冷端）。

数字式温度计配用标准热电偶。我国热电偶按国际标准生产，共有 S、B、E、K、N、R、J、T 八种标准型热电偶。仪表读数表盘为液晶显示，热电偶与测量仪表要配套使用。补偿导线分为补偿型与延伸型两类。补偿型补偿导线材料与热电极材料不同，常用于贵金属热电偶，它只能在一定的温度范围内与热电偶的热电特性一致；延伸型补偿导线是用与热电极相同的材料制成的，适用于廉价金属热电偶。不同热电偶所配用的补偿导线也不同，使用热电偶补偿导线时必须注意型号相配，正、负极性也不能接错。

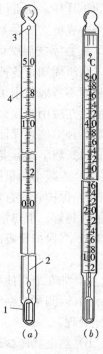

图1-1 水银温度计
(a) 棒式温度计；
(b) 内标式温度计
1—温包；2—毛细管；
3—膨胀器；4—标尺

二、测温仪表的使用方法

1. 水银玻璃管温度计的使用方法

用玻璃管液体温度计测温度，其安装点应位于方便读数、安全可靠之处。温度计以垂直安装为宜。测量管道内的流体温度时，应使温度计的温包处于管道的中心线位置，插入方向须与流体流动方向相反，以便与流体充分接触，测得真实温度。测量过程中应该注意如下几点：

（1）由于玻璃材料有较大的热滞后效应，故当温度计被用来测量高温后立即用于测量低温时，其温包不能立即恢复到起始时的体积，从而使温度计的零点发生漂移，因此会引起误差。

（2）温度计插入深度不够将引起误差。因对温度计标定时，其全部液柱均浸没于被测介质中，但实际使用时却往往会只有部分液柱浸没其中，因而引起温度计的指示值偏离被测介质的真实值，故必须在测量时先将温度计放置于测定点稳定一段时间后再读数。

（3）工作液与玻璃管壁面间的表面吸附力会造成工作液流动的迟滞性，从而降低温度计的灵敏度，甚至出现液柱中断现象，此时可轻弹温度计或手握温包使液柱上升至相互连接后再使用。

（4）读数时视线必须与标尺垂直，并与液柱面处于同一水平面。此外，读数时只能小心转动温度计顶

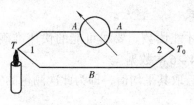

图1-2 热电效应原理图

端的小耳环,切不可用手摸标尺或将温度计取出插孔,更不允许用手握住温包来读数,否则将造成极大的误差。

2. 数字式温度计的使用方法

众所周知,各种温度计不论是出厂前的分度,还是使用中的检定,都是只考虑温度计本身而不考虑使用条件。而且,数字式温度计进行分度和检定时是不带保护套管的。各种温度计在应用时,会遇到各种各样的情况,为了避免产生较大的误差,在安装与使用中要采取各种措施以保证测温的准确性。

(1) 数字式温度计的使用注意事项:

1) 为减小测量误差,热电偶应与被测对象充分接触,使两者处于相同温度。

2) 保护管应有足够的机械强度,并可承受被测介质腐蚀,保护管的外径越粗,耐热、耐蚀性越好,但热惰性也越大。

3) 当保护管表面附着灰尘等物质时,将因热阻增加,使指示温度低于真实温度而产生误差。

4) 如在最高使用温度下长期工作后,将因热电偶材质发生变化而引起误差。

5) 因测量线路绝缘电阻下降而引起误差。设法提高绝缘电阻,或将热电偶的外壳做接地处理。

6) 热电偶冷端最好应保持0℃,而在现场条件下使用的仪表则难以实现,必须采用补偿方法准确修正。目前工业用热电偶所配用的显示仪表,一般都带有冷端补偿功能。热电偶利用补偿导线将冷端延伸到显示仪表的接线端子,使冷端与显示仪表的补偿装置处于同一温度,从而实现冷端温度自动补偿,仪表显示的温度为热电偶热端温度。

7) 电磁感应的影响。热电偶的信号传输线,在布线时应尽量避开强电区(如大功率的电机、变压器等),更不能与电力线近距离平行敷设。如果实在避不开,也要采取屏蔽措施。

(2) 数字式温度计安装使用原则:

1) 根据所测的温度要求,合理选用数字式温度计的量程与精度。测定房间温度和冷冻水进、回水温度时,一般选用的分度值为0.1℃,以便于分析问题。

2) 安装时要注意让测温探头和被测物质充分接触,尤其在测水温时应让探头逆流安装,图1-3为探头常用的安装方式。

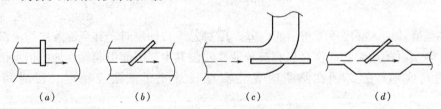

图1-3 探头常用的安装方式

3) 读取数据时要等温度计示值稳定或波动较小时才能读数。要尽可能的快速准确,减少外界因素的干扰。一般情况下,在10min左右读取4~6次数据。

4) 分析这4~6次数据,去掉误差较大的数据,然后取其平均值,即为此次测量的实际读数。

第三节 湿度测量

空气湿度是反映空气中水蒸气含量多少的物理量，对空气湿度的测量也就是对水蒸气含量的测量。描述空气湿度的物理量通常有含湿量、绝对湿度和相对湿度。大多数湿度测量仪表都是直接或间接测量空气的相对湿度。常用的有以下三种湿度测量仪表：普通干湿球温度计、通风干湿球温度计和氯化锂电阻湿度计。

一、常用测湿度仪表

1. 普通干湿球温度计

普通干湿球温度计由两支相同的水银温度计组成，其中一支温度计球部温包包有湿纱布，纱布下端浸入盛水的小杯中，结构如图1-4所示。当空气相对湿度 $RH<100\%$ 时，湿球头部的湿纱布表面水份蒸发带走一部分热量，此时测得的温度是与水表面温度相等的湿空气层的温度，低于干球温度计的读数。空气中相对湿度较小，湿球表面蒸发快，带走的热量也多，干湿球温差则大；反之，相对湿度大，干湿球温差小。当空气的相对湿度 $RH=100\%$ 时，水份不再蒸发，干、湿球的温差为零。

普通干湿球温度计结构简单，价格便宜，使用方便。但周围空气的流速变化，或有热辐射到表面时都会对测量结果产生影响。

2. 通风干湿球温度计

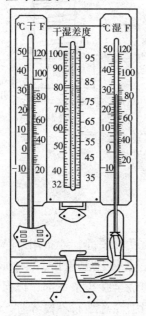
图1-4 普通干湿球温度计

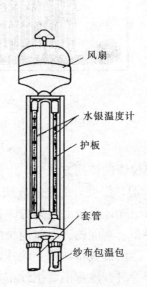
图1-5 通风干湿球温度计

为了消除普通干湿球温度计因周围空气流速不同和有热辐射时产生的测量误差，空调调试过程中的湿度测量可以选用通风干湿球温度计。通风干湿球温度计选用精确度较高的温度计，分度值为 $0.1\sim0.2℃$。在两支温度计的上部装有小风扇（可用发条或小电动机驱动），温度计周围装上金属保护套管。风扇可以在两支温度计的温包周围形成 $2\sim4m/s$ 的稳定空气流速，防止受被测空气流速变化的干扰；保护套管可以防止热辐射的影响。通风干湿球温度计测量空气相对湿度的原理与普通干湿球温度计相同。结构外形如图1-5所示。

3. 氯化锂电阻湿度计

某些物质放在空气中，它们的含湿量与所处空气的相对湿度有关，而含湿量大小又引起本身电阻的变化，因此可以将这种物质制成电阻式传感器元件，将空气相对湿度变化转换为元件电阻值的变化。这种方法称为吸湿法湿度测量。

氯化锂（LiCl）是一种在大气中不分解、不挥发，也不变质的稳定离子型无机盐类，其吸湿量与空气的相对湿度成一定函数关系。随着空气相对湿度的增减变化，氯化锂吸湿量也随之变化。空气相对湿度增大，氯化锂的吸湿量也随之增加，电阻减小；当空气相对湿度减小时，氯化锂放出水份，电阻增大。氯化锂电阻湿度计就是根据这个特性制成的。

氯化锂电阻湿度计测头（传感器）分梳状和柱状两种形式。前者的梳状电极（金箔）镀在绝缘板上；后者是在绝缘材料圆形支架上平行缠绕两根铂或铱丝，两根电阻丝并不接触。见图1-6（a）、（b）。将测头置于被测空气中，相对湿度变化时，氯化锂中的含水量也要变化，随之两梳状电极或两根电阻丝间的电阻也发生变化，将其输入显示仪表即可得出相应的相对湿度值。

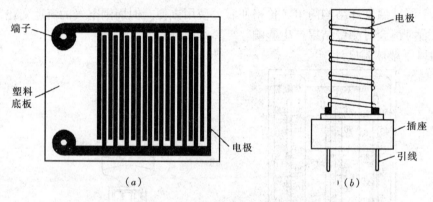

图1-6 氯化锂电阻湿度计
(a) 梳状；(b) 柱状

二、测湿仪表的使用方法

1. 通风干湿球温度计的使用方法

（1）湿球温度计温包上包裹的纱布是测定湿球温度的关键，纱布用干净、松软、吸水性好的脱脂纱布，宽度约为温包周长的1.2～1.3倍，长度比温包长20～30mm。将纱布单层包在温包上，用细线将纱布上端扎紧在温包上后缠绕至纱布条下部，以保证纱布条不散开。装保护套管时，注意不要把纱布条挤成团。使用中注意纱布不要弄脏。

（2）湿球湿润水应使用蒸馏水，加入量按温度计说明书要求并应使纱布完全湿润。

（3）提前10～15min将通风干湿球温度计放置于测定场所。测量前用滴管将蒸馏水加到纱布条上，不要把水弄到保护套管壁上，以免通风通道堵塞。上述准备工作完毕后，即可将风扇发条上满，小风扇转2～4min，通道内风速达到稳定后就可以读取温度值。

（4）测量时要经常保持纱布完全湿润。

测得被测环境的干湿球温度后，根据仪表所附干湿球温差与相对湿度对照表，或查 i-

d 图可得被测环境相对湿度。

2. 氯化锂电阻湿度计的使用方法

（1）电阻湿度计每一种测头的测量范围较窄，故测量中应按测量范围要求选用相应的量程。为扩大测量范围可以多测头组合使用。

（2）应使用交流电桥测量其阻值。为避免测头上氯化锂盐溶液发生电解，不允许使用直流电源。

（3）使用环境应保持空气清洁，无粉尘、纤维等。最高使用温度55℃，当大于55℃时，氯化锂溶液将蒸发。

氯化锂电阻湿度计测量反应快，灵敏度高，可做远距离测量、自动记录和控制等。

三、电容湿度计简介

在空调系统测试中也常用数字式温湿度计，分辨率为 0.1℃ 和 0.1%RH，准确度大约为：湿度：±3%RH，温度：±0.8℃，测温上限一般为60℃。它的湿度传感器多用电容式薄片传感器。电容式相对湿度传感器在两极之间夹有一层非常薄的感湿聚合物电介质薄膜。电极非常薄可以使水蒸气通过。聚合物薄膜具有吸湿和放湿性能，而水的电介常数又非常高。当水分子被聚合物吸收后，将使电容器的电容量发生变化。聚合物薄膜吸湿和放湿程度随其周围空气相对湿度的变化而变化，因而电容量是空气相对湿度的函数并呈线性关系。电容式湿度传感器具有性能稳定、测湿范围宽（0～100%）、响应快、线性及互换性能好、寿命长、不怕结露、几乎不需要维护保养和安装方便等优点，被公认为理想的湿度传感器。

第四节 压 力 测 量

垂直作用于物体表面单位面积上的总压力称为压强，工程中常将压强称为压力。压力的单位为帕斯卡，简称帕（Pa），$1Pa = 1N/m^2$。常用单位还有千帕（kPa）、兆帕（MPa）等。换算关系为：

$$1MPa = 10^3 kPa = 10^6 Pa$$

被测工质的真实压力称为"绝对压力"。当绝对压力大于大气压力时，若用测量仪表测量并指示其绝对压力与大气压力的差值，该值称为表压力（即被测工质的工作压力），测量仪表称为压力表或压力计。当绝对压力低于大气压力时，绝对压力低于大气压力的值称为"真空度"，测真空度的仪表称为真空表或真空计。但通常也统称为压力表或压力计。

在空调系统试运行调试中的压力测试主要有水系统、制冷系统的压力试验，制冷系统真空度试验，风系统风压及压差测试等。水系统和制冷系统压力试验一般选用弹簧管式压力表。真空度试验和风系统风压测试可选用液柱式压力计。本节介绍常用的液柱式压力计。

一、常用液柱式压力计

1. U形管液柱压力计

U形管液柱压力计由"U"字形玻璃管和设置在其中间的刻度标尺构成，如图1-7。读数的零点刻在标尺中央，管内的工作液（水、水银、酒精等）充到刻度标尺的零点处。若将压力计的一端承受被测气体压力，另一端与大气相通，此时，管内工作液左右两边液面

的垂直高度差 h 为被测压力的表压力 P_g（图1-8），P_g 按下式1-2计算：

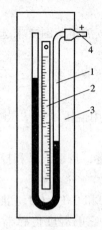

图 1-7 U形管压力计
1—U形玻璃管；2—刻度尺；3—固定平板；4—接头

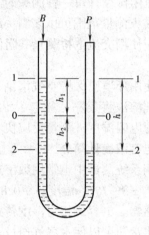

图 1-8 U形管压力计读数示意图

$$P_g = P - B = \rho g h \quad (1-2)$$

式中　P——被测气体绝对压力，Pa；

　　　P_g——被测气体工作压力（表压力），Pa；

　　　B——大气压力，Pa；

　　　ρ——工作液密度，kg/m³；

　　　g——重力加速度，m/s²；

　　　h——液柱高差，m。

若被测介质为液体，建立平衡方程时还要考虑被测液体密度的影响。U形管液柱压力计适合测量绝对值较大的全压及静压，不适于测量绝对值较小的动压。

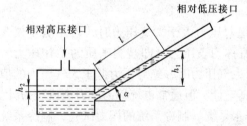

图 1-9 倾斜式微压计原理图

2. 倾斜式微压计

倾斜式微压计也称斜管压差计，原理上属单管式压力计。如图 1-9 所示，它由一根可调整倾斜角度的玻璃毛细管和一个大截面积的杯状容器组成，两者互相连通。容器内注入表面张力较小的液体（酒精）。容器接口称相对高压接口，玻璃毛细管接口称相对低压接口。当相对高压的被测气体压力与容器接口接通时，容器内的液面稍下降，而与相对低压气体相通的倾斜管一侧液体移动距离却很大，这样就提高了仪表的灵敏度和读数的精度。设倾斜管与水平面的夹角为 α，容器内液面下降值为 h_2，倾斜管液面升高值为 h_1，则倾斜管液柱相对容器液面的高度为：

$$h = h_1 + h_2 = l \cdot \sin\alpha + h_2 \quad (1-3)$$

由于杯状容器截面积远大于倾斜管截面，因此 h_2 可忽略不计，式（1-3）可写成：

$$h = l \cdot \sin\alpha$$

所测两接口压力差为：
$$\Delta P = g \cdot \rho \cdot l \cdot \sin\alpha \tag{1-4}$$

式中　ΔP——两接口压力差，Pa；
　　　g——重力加速度，m/s^2；
　　　ρ——液体密度，kg/m^3；
　　　l——测压管液面上升长度，m；
　　　α——测压管与水平面夹角。

当相对低压接口接通大气时，所测压力差为表压力。如果微压计中用固定的液体，其密度不变，令系数 $K = g \cdot \rho \cdot \sin\alpha$，式（1-4）可简化成：
$$\Delta P = K \cdot l$$

倾斜式微压计的 K 值多为 0.2、0.3、0.4、0.6、0.8 五档，直接标在仪器的弧形支架上。可以根据测定的压力大小选择合适的 K 值，但必须用仪器指定的液体。

二、液柱式压力计的使用方法

在空调系统风压测试中，U 形管式压力计和倾斜式微压计与毕托管配合使用。以上两种液柱式压力计使用方便，一般也不必校检。当工作液面不在零位时，可用实际液面作为零位，读数后再扣除偏差。

1. U 形管液柱压力计的使用

(1) 选择距测压点较近且无振动、碰撞的地方将 U 形管压力计垂直悬挂稳固。

(2) 测压前首先将工作液体充入干净的 U 形管压力计中，最好使两管液面高度处于零位，若有偏差可调中间刻度标尺，标尺不能调时应做好记录，以便修正。

(3) 测表压力时，将被测点的压力用胶管接到压力计的一个接口，另一个接口与大气相通；测量压差时，将两个测点的压力分别接到压力计的两个接口上。

(4) 读数时，视线应与液面平齐，两管液柱面都应统一以顶部凸面或凹面的切线为准。

U 形管水银液柱真空计可以用于制冷系统真空度试验。此类仪器为定型产品，水银已注入管内，为防止水银流出，接口用橡胶塞密封，要将真空计直立后才能拆去。使用时要严格按说明书操作。

2. 倾斜式微压计的使用

(1) 倾斜式微压计平放，先将工作液体（多用酒精）充入干净的杯状容器内，液柱应进入倾斜玻璃管。

(2) 选好 K 值，将倾斜玻璃管稳固固定。调整底座支腿使之水平（观察底座上水准器气泡应居中）。

(3) 记录好玻璃管上液柱液面高度对零位的偏差，该值是对测量结果的修正值。

(4) 倾斜式微压计的接管与 U 形管液柱压力计相似，但一定要让比较压力中的相对高压引至相对高压接口。

使用液柱式压力计要注意两个问题，一是使用不同工作液，测量范围、分度值和灵敏度都会有很大变化。如 U 形管液柱压力计用水银或水，测量范围相差十多倍。二是同一类工作液，浓度不同会引起测量误差。如倾斜式微压计用不同浓度的酒精，可能会使测量误差超过仪器精度。另外，测定完毕后应将工作液体倒回存放容器，仪器妥善保管。

第五节 流速与流量测量

空调系统安装与试运行中需要测试的流速和流量有：空调房间与风管内的风速、风管的送风量、风管系统与组合式空调机组的漏风量，以及冷却与冷冻水的流量等。一般总管水流量可以直接用水系统上安装的流量计测量，干、支管水流量可以采用外缚式超声波流量计测量。漏风量测量要使用标准孔板或标准喷嘴等节流装置。本节仅介绍毕托管、叶轮风速仪和热球风速仪。

一、常用测速仪表

1. 毕托管

毕托管实际是测压管，使用时一定要注意接管与测孔的对应。外套管接管是静压接管，内管是全压接管，图 1-10 清楚地表示了测孔与接管的关系。

假设在风管内某点测得全压为 P_q，静压为 P_j，则动压为 $P_d = P_q - P_j$。该点空气流速 v 为：

$$v = \xi\sqrt{\frac{2P_d}{\rho}} \quad (1-5)$$

式中 ρ——空气的密度，kg/m^3；
ξ——考虑气流流过毕托管时的能量损失修正系数。

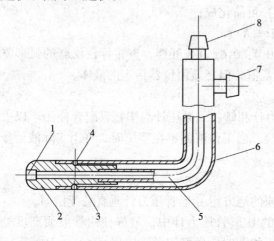

图 1-10 毕托管
1—全压测孔；2—测头；3—外管；4—静压测孔；5—内管；
6—管柱；7—静压接口；8—全压接口

测量时应同时测出空气温度。在空调温度范围，ρ 可近似用同温度下干空气与饱和空气密度的平均值。合理设计的毕托管，ξ 约为 1.02～1.04，也就是说：不考虑 ξ，v 将比实际值偏小 2%～4%，因此工程上多把 ξ 近似取 1。用毕托管测空气流速要先测空气动压，因此应与倾斜式微压计配合使用。

2. 叶轮风速仪

叶轮风速仪属机械式仪表，如图 1-11 所示。它的叶轮由若干扭成一定角度的铝质叶片组成，利用流动的空气推动叶轮转动，叶轮旋转的快慢与风速成正比。通过计数机构可以直接从表盘上读算风速。叶轮风速仪的测量范围一般为 0.5～10m/s。由于空气推动叶轮和计数机构的耗能，使用时应将显示风速值修正为实际风速值，修正数（曲线）在出厂时已标定。新型的数字式叶轮风速仪将叶轮转速转换成电信号，并配有液晶数字显示仪表，具有携带、使用方便的优点。

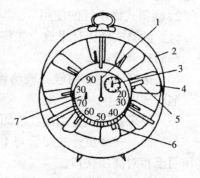

图 1-11 叶轮风速仪
1—长指针；2—外壳；3—短指针；
4—叶轮；5—回零压杆；6—起动压杆；7—记时指针

3. 热电风速仪

热电风速仪由测头和指示仪表两部分组成，如图 1-12 所示。测头由电热线圈和热电偶组成，根据测头的结构不同,热电风速仪又分为热线式和热球式两种。当热电偶焊接在电热丝中间时,为热线式风速仪;当热电偶和电热线圈不接触而由玻璃球固定在一起时为热球式风速仪。空调系统测试中常用热球风速仪,图1-13是热球风速仪的原理图。

热球风速仪的热球式测头是将镍铬线圈和测量热球温度的热电偶一同置于玻璃球内(玻璃球的直径约0.8mm)。当通过镍铬线圈的加热电流一定时,玻璃热球测头的温度将随风速的大小而变化,风速越大,球体散热越快,其温升

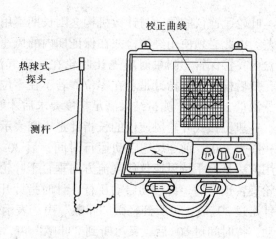

图1-12 热球风速仪

越小,玻璃热球测头的热电偶产生的热电势也越小;反之,风速越小,球体散热越慢,其温升越大,测头内热电偶的热电势也就越大。热电势的大小通过测量仪表转换成相应的电流,由显示仪表指示出来。在表盘上可直接读出风速值。热球风速仪使用方便,反应灵敏度高,测速范围一般为0.05~30m/s。

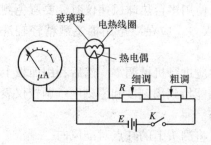

图1-13 热球风速仪原理图

二、常用测速仪表的使用方法

1. 毕托管的使用方法

用毕托管测量流速时,测点的选择与布置对测量精度的影响较大。选择与布置测点时,通常采用等面积分区法,即将被测风管截面按面积相等的原则分成若干小区,具体方法见后续内容。

用毕托管测进风管(负压)时,测全压或静压的接管都应该连倾斜式微压计的玻璃毛细管相对低压接口,容器相对高压接口通大气;测动压时全压接管接容器相对高压接口,静压接管接玻璃毛细管相对低压接口。测风机出风管(正压)时,测全压或静压的接管都应该连倾斜式微压计容器的相对高压接口,玻璃毛细管相对低压接口通大气;测动压时与进风管相同。全压、静压及动压值均在微压计的玻璃毛细管上以液柱长度显示。使用毕托管时还应注意以下问题:

(1) 被测流体的流速不能太小,因为流速太小会使动压太小,二次仪表的指示不准确,因此一般要求其空气流速应在5m/s以上。

(2) 为了避免毕托管对被测流体的干扰过大,应保证毕托管的直径与被测管道的直径之比小于0.02~0.04。

(3) 被测管道的相对粗糙度(绝对粗糙度与管内径之比)应不大于0.01。

(4) 测量时应确保全压孔迎着流体的流动方向,并使其轴线与流体流动的方向一致,偏斜不得超过6度。

(5) 应防止测孔堵塞,否则将引起很大的测量误差。

2. 叶轮风速仪的使用方法

叶轮风速仪的传动与计数机构会因长期不用及润滑不良等原因增加阻力，使测量产生误差。因此必须使用经校检并在保证期内的风速仪。经校检的风速仪应放于干净、干燥的木盒内妥善保管。测量时应先让叶轮在稳定气流作用下转动 3~5min，转动应轻快、连续，然后检查长短指针是否在零位。若不在零位，按回零压杆使之回零。再对同一稳定气流点测量 2~4 次，测量结果满足精度要求后才能投入使用。

一般机械式叶轮风速仪的长指针走一圈表示 100m，短指针走一圈为 1000m，计时指针走一圈为 120s。前 30s 是启动运行时间，后 30s 是结束运行时间，中间 60s 为计时时间。使用方法是：手持风速仪使气流方向垂直于叶轮平面，全部叶轮处于被测气流作用下。当叶轮旋转正常后，再按动启动压杆，计时指针开始走动，这时人体要尽量远离测点。计时指针走过 30s 后，可听到轻微"咔嚓"声，表示传动机构与风速指针接触，风速指针开始走动。待时间过 60s 后，又可听到"咔嚓"声，内部脱离接触，风速指针停止走动，再过 30s 计时指针停止走动。此时读取大、小指针的示值之和即为每分钟的风速，除以 60 得每秒风速值。测量完毕后应使指针回零位，为下一次使用作好准备。叶轮风速仪得到的是平均风速，它无法测瞬时风速。

3. 热球风速仪的使用方法

使用前要仔细阅读说明书，详细了解操作方法。热球风速仪的测头易损坏，应细心保护。使用时应注意以下几点：

（1）换用新电池，电池电量不足会产生测量误差。使用多台热球风速仪时，要避免测头混用。热球沾灰或有污物，影响散热也会产生测量误差，应在冷态用棉签酒精轻轻洗净。

（2）使用前应检查指针是否指在零点，如有偏移，应进行机械调零。然后利用面板上的粗调和细调旋钮进行满度调节和零位调节，确保电表能指到满刻度和零刻度。调校仪表时测头一定要收到套筒内，以保证测头处在零风速状态。

（3）测量过程中，应将测杆中的测头轻轻拉出，且将测头上的红点对准风向。

（4）测量结果应利用仪表所附的校正曲线对电表读数进行校正后获得。

使用完毕后应取出电池，以免电池损坏后仪器受腐蚀，仪器要放在通风、干燥、没有腐蚀性气体及强烈振动和不受强磁场影响的地方。

用叶轮风速仪和热球风速仪是测风速，在测出风管截面平均风速后，再计算出通过风管的风量。

第六节 噪声测量

一、声级计的构造与工作原理

空调系统噪声测量常用的是声级计（也称噪声仪）。声级计由传声器、放大器、衰减器、频率计权网络、RMS 检波器和指示表头等部分组成（见图 1-14）。声压由传声器膜片接收后，将声压信号转换成电信号，经前置放大器作阻抗变换后送到输入衰减器。衰减器是用来控制量程的，通常以每级衰减 10dB 作为换档单位。由衰减器输出的信号，再输入放大器进行定量放大。为了模拟人耳听觉对不同频率声音有不同灵敏度这一感觉，于是在声级计中设计了特殊的滤波衰减器，它可以按照等响度曲线对不同频率的音频信号进行不同程度的衰减，称为计权网络。计权网络分为 A、B、C、D 几种，通过计权网络测得的声压级，被称为计权声压级或简称声压级。对不同计权网络分别称为 A 声级（L_A）、B 声级（L_B）、C 声级（L_C）和 D 声级（L_D），并分别记为 dB（A）、dB（B）、dB（C）和 dB（D）。由于 A 网络对于高频声反应敏感，对低频声衰减强，这与人耳对噪声的感觉最接近，故在测定对人耳有害的噪声时，均采用 A 声级作为评定指标。放大后的信号由计权网络进行计权，在计权网络处可外接滤波器，这样可以做频谱分析，输出的信号由输出衰减器减到额定值，随即送到输出放大器放大，使信号达到相应的功率输出，输出信号经 RMS 检波后（均方根检波电路，其作用是将非正弦电压信号加以平方，并在 RC 电路中取平均值，最后给出平均电压的开方值），送出有效值电压，推动电表，显示所测的声压级分贝值。

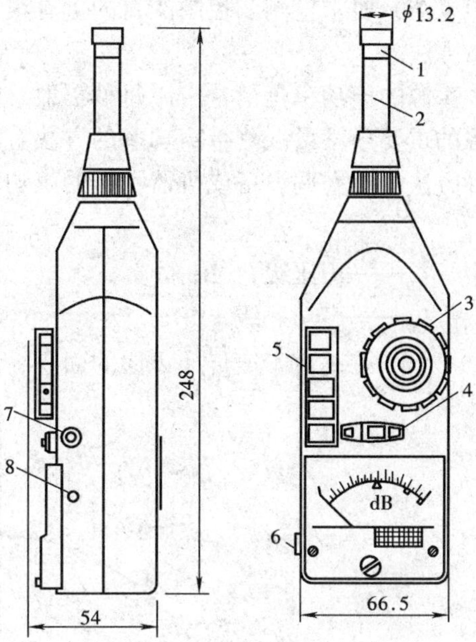

图 1-14 PSJ-2 型声级计
1—测试传声器；2—前置级；3—分贝拨盘；
4—快慢开关；5—按键；6—输出插孔；
7—+10dB 按钮；8—灵敏度调节孔

声级计整机灵敏度是指在标准条件下测量 1000Hz 纯音所表现出的精度。根据该精度声级计可分为两类：一类是普通声级计（图 1-14），它对传声器要求不高。动态范围和频响平直范围狭窄，一般不与带通滤波器相联用；另一类是精密声级计，其传声器要求频响宽，灵敏度高，长期稳定性好，且能与各种带通滤波器配合使用，放大器输出可直接和电平记录器、录音机相连接，可将噪声记号显示或储存起来。如将声级计的传声器取下，换以输入转换器并接加速度计就成为振动计可作振动测量。

近年来有人又将声级计分为四类，即 0 型、1 型、2 型、3 型。它们的精度分别是 ±0.4dB、±0.7dB、±1.0dB、±1.5dB。

仪器上有阻尼开关能反映人耳听觉动态特性，快档"F"用于测量起伏不大的稳定噪声。如噪声起伏超过 4dB 可利用慢档"S"。有的仪器还有读取脉冲噪声的"脉冲"档。声级计的示值表头刻度方式，通常采用由 −5（或 −10）到 0，以及 0 到 10，跨度共 15（或 20）dB。

为了保证每次测量结果准确可靠，每次测量前后或测量进行中必须用声级计的校准器对仪器进行校准。声校准器是一个由干电池使之发出已知频率和作为标准声级声音的装置。校准时必须将它紧密地套在传声器上，并将声级计的滤波器频率拨到校准器指定的相应频率范围内，然后比较声级计上的显示数值。如果两者有差异，须将声级计上的灵敏度调节器作适当调节，使声级计上的显示数值与校准器标准值一致。

二、声级计测量噪声的方法

测量噪声的方法随测量目的和要求而异。环境噪声不论是空间分布还是随时间的变化都很复杂,要求检测和控制的目的也有很大程度的不同,对不同噪声和要求应采取不同的测量方法。

声源的声功率是衡量声源每秒辐射总能的量,它与测点距离以及外界条件无关,是噪声源的重要声学量。测量声功率的方法有混响室法、消声室或半消声室法、现场法。用这三种方法测量空调设备或机器噪声的声功率所依据的原理是:

$$L_p = L_w - 10\lg S$$

式中　L_p——声压级,dB;
　　　L_w——声功率级,dB;
　　　S——垂直于声传播方向的面积,m^2。

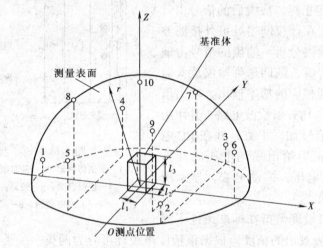

图 1-15　半球测量表面上的测量位置

现场测量法用于测机组噪声,一般是在机房或车间内进行,分为直接测量和比较测量两种。直接测量法是设想一包围声源的包络面(图 1-15、图 1-16),测量包络面上各面积源的声压级,由式(1-6)求出测量表面平均声压级 $\overline{L}_p$,然后由式(1-7)确定声功率级 L_w。

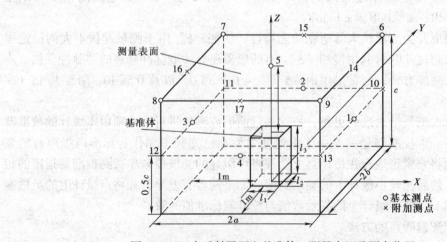

图 1-16　一个反射平面上基准体、测量表面及测点位置

$$\overline{L}_\mathrm{p} = 10\lg \frac{1}{N}\Big(\sum_{i=1}^{N} 10^{0.1L_{\mathrm{p}i}}\Big) \tag{1-6}$$

$$L_\mathrm{w} = (\overline{L}_\mathrm{p} - K) + 10\lg\Big(\frac{S}{S_0}\Big) \tag{1-7}$$

式中　$\overline{L}_\mathrm{p}$——测量表面平均 A 计权或频带声压极，dB；

　　　$L_{\mathrm{p}i}$——对背景噪声修正后的第 i 点 A 计权或频带声压级，dB；

　　　N——测点数；

　　　K——环境修正值；

　　　S——测量表面面积，m^2；

　　　S_0——基准面积，为 $1m^2$。

K 环 境 修 正 值　　　　　　　　　　表 1-1

测得的机组噪声声压级与背景噪声声压级之差（dB）	K 值（dB）	测得的机组噪声声压级与背景噪声声压级之差（dB）	K 值（dB）
<6	测量无效	9、10	0.5
6~8	1.0	>10	0

对尺寸较小的机组，设想声源的包络面可采用半球测量表面，其测点布置见图 1-15。半球测量表面的中心是基准体几何中心在反射平面上的投影，半球测量表面的半径，应不小于特性距离 d_0 的两倍。

$$d_0 = \sqrt{(0.5l_1)^2 + (0.5l_2)^2 + l_3^2} \tag{1-8}$$

式中　d_0——特性距离，m；

　　　l_1、l_2、l_3——基准体的长、宽、高，m。

半球测量表面的面积 S 按照式（1-9）计算：

$$S = 2\pi r^2 \tag{1-9}$$

式中半球测量表面半径 r 优先选取 1m 或 2m。如果 $d_0 > 1m$，则应选用矩形六面体测量表面。

半球测量表面上的测量位置　　　　　　表 1-2

测点号	X/r	Y/r	Z/r	测点号	X/r	Y/r	Z/r
1	-0.99	0	0.15	7	0.33	0.57	0.75
2	0.5	-0.86	0.15	8	-0.66	0	0.75
3	0.5	0.86	0.15				
4	-0.45	0.77	0.45	9	0.33	-0.57	1.0
5	-0.45	-0.77	0.45	10	0	0	1.0
6	0.89	0	0.45				

矩形六面体测量表面是位于反射平面上，各面与基准体对应面平行且与对应面间的距离为 1m 的矩形箱表面，测量表面及测点位置见图 1-16。当基准体的任一边尺寸 >2m，或基本测点上测得声压级最大与最小两者分贝差值超过测点数目，应增加附加测点。一个反射平面上测量表面面积由式（1-10）计算：

$$S = 4(ab + bc + ca) \tag{1-10}$$

式中　S——测量表面面积，m^2；

　　　a、b——测量表面长、宽的一半，m；

　　　c——测量表面的高，m。

一个反射平面上基准体、测量表面及测点位置　　　表1-3

测点号	X	Y	Z	测点号	X	Y	Z
1	a	0	0.5c	10	a	b	0.5c
2	0	b		11	-a		
3	-a	0		12	-a	-b	
4	0	-b		13	a		
5	0	0	c	14	a	0	c
6	a	b		15	0	b	
7	-a			16	-a	0	
8	-a	-b		17	0	-b	
9	a						

比较法测量空调设备或机器本身辐射噪声，是采取利用经过实验室标定过声功率的任何噪声源作为标准噪声声源（一般可用频带宽广的小型高声压级的风机），在现场中将标准声源放在待测声源附近位置，对标准声源和待测声源各进行一次同一包络面上各点的测量，对比测量两者声压级而得出待测机器声功率。具体数值可用式（1-11）进行计算。

$$L_w = L_{ws} + (\overline{L}_p - \overline{L}_{ps}) \tag{1-11}$$

式中　L_w——声源声功率级，dB；

　　　L_{ws}——标准声源声功率级，dB；

　　　$\overline{L}_p$——所测的平均声压级，dB；

　　　$\overline{L}_{ps}$——标准声源的平均声压级，dB。

室内噪声测量一般直接测计权网络A声级，测点位于房间中央，房间较大时，每$50m^2$设一点，测点位于区域中央，距地面1.1~1.5 m高度，或者按工艺要求。对稳态和近似稳态噪声用快档读取示值。对不稳定噪声一般用慢档，读取表头指针平均偏转刻度，也可测量计算连续等效A声级，计算用式（1-6）。

第七节　高效过滤器检漏仪器及其方法

高效过滤器是洁净室及净化空调系统的关键部件，其安装质量的好坏将直接影响到室内空气洁净度等级的实现。要使经过高效过滤器过滤后的气体能满足用户对洁净度的要求，在安装前应对高效过滤器进行检漏。

一、常用仪器

高效过滤器进行检漏常用的仪器有：采样速率大于1L/min的光学粒子计数器、激光粒子计数器和凝结核计数器三种。

1. 光学粒子计数器

光学粒子计数器的原理是利用粒子的光散射特性,当粒子通过强光源照射的测量区时,每一粒子均产生一次光散射,形成一个光脉冲信号。利用光电倍增管将光脉冲信号转换成电脉冲信号。通过光学粒子计数器的粒子个数反映为电脉冲信号的能量,粒径反映为电脉冲信号的高度。这样,光学粒子计数器通过电脉冲可以测出被采样空气中粉尘的个数和粒径。

光学粒子计数器一般是由等动力采样头和主机两部分组成,如图 1-17 所示。常采用的光源为白炽灯。

光学粒子计数器的特点是可连续测量和数据处理,自动打印测量结果,检测周期可自动调节,检测粒径可分档,能测量粒径为 $0.3 \sim 10 \mu m$ 的粒子。

2. 激光粒子计数器

激光粒子计数器的工作原理与光学粒子计数器类似。激光粒子计数器常采用的激光光源为半导体激光光源,其构造同样是由等动力采样头和主机两部分组成。

图 1-17 粒子计数器

激光粒子计数器的特点是能测量粒径更小的粒子(可测小至 $0.075 \mu m$ 的粒子),一般可存储多组测量数据,并可将测量数据传输到计算机。

3. 凝结核计数器

凝结核计数器的工作原理是当粒子通过某种液体的饱和蒸气(如正丁醇)时,由于凝结作用,使微小的粒子作为核心而凝结成较大的颗粒,当凝结的颗粒大到可以测量其散射光的大小时,再利用光散射原理进行计数测量。凝结核计数器可测到 $0.001 \mu m$ 的粒子。

二、高效过滤器的检漏方法

1. 检漏仪器的选择

根据《通风与空调工程施工质量验收规范》(GB 50243—2002)的规定:高效过滤器的检漏,应使用采样速率大于 1L/min 的光学粒子计数器。D 类高效过滤器宜使用激光粒子计数器或凝结核计数器。

2. 检漏方法

(1)检漏的含尘气流浓度规定。

采用粒子计数器检漏高效过滤器时,检漏用的尘源一般为大气尘或含其他气溶胶尘的空气,若采用凝结核计数器,就必须采用粒径已知的单分散相试验粉尘。要求高效过滤器上风侧的粒子浓度应均匀。

对大于或等于 $0.5 \mu m$ 的尘粒,浓度应大于或等于 $3.5 \times 10^5 pc/m^3$(粒/立方米);或对大于或等于 $0.1 \mu m$ 的尘粒,浓度应大于或等于 $3.5 \times 10^7 pc/m^3$;若检测 D 类高效过滤器,对大于或等于 $0.1 \mu m$ 的尘粒,浓度应大于或等于 $3.5 \times 10^9 pc/m^3$。

(2)等动力采样的概念。

高效过滤器的检测采用扫描法，即在过滤器下风侧用粒子计数器的等动力采样头采样。等动力采样又称为等速采样，是指采样头进口处的采样速度等于高效过滤器下风侧检漏点的气流速度。

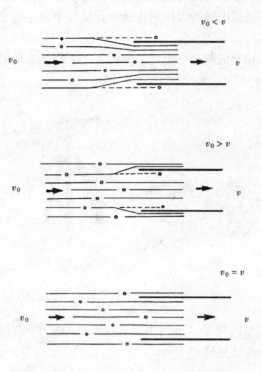

图1-18 不同采样速度时尘粒的运动情况

采样头的采样速度对采样检漏的结果影响很大，如图1-18所示。因粉尘尘粒重于空气分子，当采样头的进口采样速度小于检漏点的气流速度时，处于采样头边缘内的一些尘粒本应随气流一起绕过采样头流出，但是，由于惯性作用，粒径较大的尘粒会继续按原来的方向前进进入采样头，使得测试的结果比实际情况偏高。当采样头的进口采样速度大于检漏点的气流速度时，处于采样头边缘外的一些尘粒，本应随气流一起进入采样头，但是，由于惯性作用，粒径较大的尘粒会继续按原来的方向前进，在采样头外通过，使得测试的结果比实际情况偏低。只有当采样头的进口采样速度等于检漏点的气流速度时，采样头收集到的含尘气流样品才能真正反映高效过滤器下风侧检漏点气流的实际含尘情况。

(3) 检漏方法：

1) 按照仪器说明书的要求安装粒子计数器和采样头。采样管的长度应根据仪器允许长度确定，如果无规定时，不宜大于1.5m。采样头的进口应正对气流，轴线与气流方向一致，其偏斜的角度不能超过±5°。

2) 被检漏的高效过滤器必须已测过风量，在设计风速下运行。

3) 调整被检漏高效过滤器上风侧的测定含尘气流浓度，使其符合规定。

4) 检漏：采样头距被检部位表面的距离为20~30mm，以5~20mm/s的速度移动扫描检查。检漏的部位为过滤器的表面，边框和封头胶处。在移动扫描检测高效过滤器时，应对计数突然递增的部位进行定点检验。

5) 合格标准：将受检高效过滤器下风侧测得的泄漏浓度换算成透过率，高效过滤器不得大于出厂合格透过率的2倍；D类高效过滤器不得大于出厂合格透过率的3倍。

第八节 制冷剂检漏

制冷系统是空调系统中的核心设备，而制冷剂的泄漏将直接影响到制冷机组的制冷效果，甚至会使制冷机组损坏。另外，泄漏的制冷剂也会造成环境污染。因此，制冷系统安装完毕以后需要进行仔细的检漏。

制冷系统防止泄漏的气密性试验有：
(1) 充氮气的压力试验。
(2) 抽真空试验。
(3) 充制冷剂后的检漏。

安装中常用的检漏方法为：肥皂水检漏、试纸检漏、检漏灯检漏、卤素检漏仪检漏。

一、肥皂水及试纸检漏

肥皂水检漏是一种最常用的方法，即把一定浓度的肥皂水均匀地涂到有可能会泄漏的部位，静观肥皂水是否会产生气泡，如果有气泡产生，说明这个部位有气体漏出，气泡产生得越快，说明泄漏越厉害；反之，泄漏较小。如果没有气泡产生，只能说明这个部位几乎不漏，但极微小的泄漏一般查不出来。使用这种方法要求系统内压力不低于0.2MPa，检漏要非常细心，用5～10倍放大镜观察微小气泡可以发现较小的泄漏。

氨泄漏有强烈的刺鼻臭味，容易被发现。氨制冷系统很小的泄漏也可以用湿润的酚酞试纸检漏，氨会使酚酞试纸由白变红。

二、检漏灯与检漏仪

1. 检漏灯

检漏灯也称卤素灯，如图1-19所示，用于氟利昂制冷系统检漏。它多用酒精做燃料，灯的火焰处有铜丝网。氟利昂遇火分解成氟、氯元素，与高热的铜丝网接触生成卤素铜化合物，会使火焰发出绿色或绿紫色光亮。用检漏灯检漏时，制冷系统内应充注适量氟利昂制冷剂，使压力达到0.3MPa。

2. 卤素检漏仪

卤素检漏仪也用于氟利昂制冷系统检漏，其灵敏度极高，可以达到年泄漏量0.5g以下。袖珍式检漏仪携带使用方便。检漏仪的工作原理是用仪器的探头（吸管），借助微型风扇的作用，将被探测处的空气吸入并通过电场，根据被测氟利昂气体引起的电场电流变化，经放大后由仪表显示氟利昂的泄漏量。当探测到泄漏的氟利昂气体时，检漏仪的声光报警装置会发出警报。

三、检漏灯与检漏仪的使用方法

1. 检漏灯的使用方法

(1) 灯体倒置，打开底盖，将纯净的无水酒精注入灯体内，再把底盖盖好。

(2) 正立灯体，向酒精盆内倒入适量酒精并点燃，使灯体受热，其内酒精气化压力升高。在杯中酒精将燃尽时，旋动阀门杆适度开启阀门，灯体内酒精蒸气从喷嘴喷出并被点燃，发出淡蓝色火焰。因喷射产生的负压，使吸气塑料软管外端部具有一定的吸入力。

(3) 手持吸气塑料软管前端，在接头、焊缝等

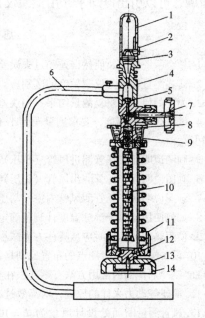

图1-19 卤素检漏灯结构图
1—燃烧口；2—火焰套；3—滤网；4—灯体；
5—喷嘴；6—吸气软管；7—阀针；8—滤网；
9—酒精盆；10—灯芯；11—胶木座；12—垫片；
13—空腔；14—底盖

可能渗漏处慢慢移动，如果火焰颜色变绿，说明此处有渗漏点存在，用粉笔做好记号。

（4）如果火焰颜色变成绿紫色，说明泄漏严重。因氟利昂产生的光气有毒，应改用肥皂水检漏。

（5）检漏灯火苗阻塞时，应先将阀门关闭熄火，用细针在喷嘴小孔内捅几下，然后重新点火。

（6）检漏前必须对现场进行充分通风换气，周围空气不得被氟利昂污染，否则将出现误检。

（7）检漏完毕，熄火时不可将阀门关得过紧，可先熄火再微开阀门，以免冷却收缩导致灯体开裂损坏。

2. 卤素检漏仪的使用方法

使用卤素检漏仪检漏非常方便，当打开电源开关时，一般仪器上有绿、红发光二极管被点亮。绿色发光二极管表示接通，不闪烁；红色发光二极管是报警灯，此时约两秒闪烁一次。将探头伸向检漏的接头、阀门和焊缝处，慢慢地在其周围移动，如果泄露，报警灯会迅速闪动，同时伴有连续不断的报警声；泄漏得越厉害，报警灯闪动得越厉害，报警声也越尖锐；反之，报警灯闪动缓慢，报警声也越轻微。由于卤素检漏仪灵敏度极高，如果环境空气中混入有影响检漏的气体后，应启动消除环境本底功能（若有此功能）。一般是根据报警声尖锐程度来判别泄漏方向和泄漏点。

以上三种制冷剂检漏方法，检漏灯已较少使用，肥皂水和检漏仪检漏方法可相互配合，例如在压力试验时先用肥皂水检漏，灌入制冷剂后用卤素检漏仪检漏。对冷凝器的内部泄漏，可以引出冷却水，用检漏仪在水表面检漏。

思 考 题 与 习 题

1. 领会系统误差、偶然误差和过失误差概念。
2. 简述测量精度与仪表精度的区别。
3. 简述如何利用重复测量结果，用误差理论分析来提高测量精度。
4. 欲测 26℃的温度，要求测量误差小于 ±0.4℃，如选用 1.0 级温度计，问温度计理论测量范围应为多少？
5. 画图说明用毕托管测进风管（负压）时，测全压或静压的接管与倾斜式微压计的连接。
6. 画图说明用毕托管测出风管（正压）时，测全压或静压的接管与倾斜式微压计的连接。
7. 画图说明用毕托管测风管内空气动压时，毕托管与倾斜式微压计的连接。
8. 如何使用通风干湿球温度计测量确定空气的相对湿度？
9. 使用热球风速仪时应从哪些方面减小测量误差？
10. 设备噪声测量时测点的布置原则是什么？
11. 制冷剂检漏的常用方法有哪些？在实际检漏中如何应用？
12. 简述等动力采样的原理，对高效过滤器检漏应怎样使用等动力采样头？
13. 风管测量断面处设计风量为 $L = 10000 m^3/h$，风管断面积 $F = 0.4 m^2$，倾斜式微压计常数 K 为 0.4，测量时空气温度所对应的空气密度 $\rho = 1.2 kg/m^3$，倾斜式微压计读数应为多少 mm？
14. 一管道连接处有微小泄漏，分别以制冷剂为氨和氟利昂，试设计检漏定出泄漏点的方法。

第二章 空调系统试运行与调试的准备工作

第一节 空调系统试运行与调试执行标准与规范

一、执行规范与质量要求

建筑与设备安装工程施工必须严格执行国家相关标准和规范，它是监理单位履行质量监督职责的依据，也是仲裁施工质量纠纷的依据。对于通风与空调工程施工，现行配套使用《建筑工程施工质量检验统一标准》（GB 50300—2001）（以下简称"统一标准"）和《通风与空调工程施工质量验收规范》（GB 50243—2002）（以下简称"验收规范"）。统一标准以强制性条文规定"工程质量的验收均应在施工单位自行检查评定的基础上进行"，即要求施工单位先自行检查评定，合格后再交监理单位验收，分清了施工、验收两个质量责任范围。

空调系统试运行与调试是实现系统由静到动，最终实现工程设计技术指标的重要施工过程；也是在竣工验收之前，由施工单位负责主持，建设、设计、监理单位参加的，对整个系统设计、制造和安装进行全面质量检查评定的重要自检和验收过程，必须认真设计试运行调试的项目和操作程序，落实各环节质量控制、检查、评定等措施，并在实施过程中形成完整的记录，为竣工验收做好准备工作。

根据表 0-1 可知，完整的空调系统试运行与调试包括空调风系统、制冷系统和空调水系统三个子分部工程中的系统调试分项工程，并且要与自动控制调节系统密切配合，具有相当的难度，施工人员需要认真领会统一标准和验收规范的指导思想和技术原则。现依据验收规范，将空调系统试运行调试的要求和检验批检验项目质量标准介绍如下：

1. 主控项目

空调系统调试包括设备单机试运转及调试和系统无生产负荷下的联合试运转及调试。

（1）通风机、空调机组单机试运转及调试：通风机、空调机组中的风机，叶轮旋转方向正确、运转平稳、无异常振动与声响，其电机运行功率应符合设备技术文件的规定。在额定转速下连续运转 2h 后，滑动轴承外壳最高温度不得超过 70℃，滚动轴承不得超过 80℃。

（2）水泵单机试运转及调试：水泵叶轮旋转方向正确，无异常振动和声响，紧固连接部位无松动，其电机运行功率应符合设备技术文件的规定。水泵连续运转 2h 后，滑动轴承外壳最高温度不得超过 70℃，滚动轴承不得超过 75℃。

（3）冷却塔单机试运转及调试：冷却塔本体应稳固、无异常振动，其噪声应符合设备技术文件的规定。风机试运转按第（1）款的规定；冷却塔风机与冷却水系统循环试运行不少于 2h，运行应无异常情况。

（4）制冷机组单机试运转及调试：制冷机组、单元式空调机组的试运转，应符合设备技术文件和现行国家标准《制冷设备、空气分离设备安装工程施工及验收规范》

(GB 50274—98)的有关规定，正常运转不应少于8h。

(5) 系统风量调试：系统总风量调试结果与设计风量的偏差不应大于10%。

(6) 空调水系统调试：空调冷热水、冷却水总流量测试结果与设计流量的偏差不应大于10%。

(7) 恒温、恒湿空调：舒适空调的温度、相对湿度应符合设计的要求。恒温、恒湿房间室内空气温度、相对湿度及波动范围应符合设计规定。

(8) 净化空调系统调试：净化空调系统还应符合下列规定：

1) 非单向流洁净室系统的系统总风量调试结果与设计风量的允许偏差为0~20%，室内各风口风量与设计风量的允许偏差为15%；

新风量与设计新风量的允许偏差为10%。

2) 单向流洁净室系统的室内截面平均风速的允许偏差为0~20%，且截面风速不均匀度不应大于0.25；

新风量和设计新风量的允许偏差为10%。

3) 相邻不同级别洁净室之间和洁净室与非洁净室之间的静压差不应小于5Pa，洁净室与室外的静压差不应小于10Pa。

4) 室内空气洁净度等级必须符合设计规定的等级或在商定验收状态下的等级要求。

高于等于5级的单向流洁净室，在门开启的状态下，测定距离门0.6m室内侧工作高度处空气的含尘浓度，亦不应超过室内洁净度等级上限的规定。

2. 一般项目

(1) 风机、空调机组：风机、空调机组、风冷热泵等设备运行时，产生的噪声不宜超过产品性能说明书的规定值；风机盘管机组的三速、温控开关的动作应正确，并与机组运行状态一一对应。

(2) 水泵的安装：水泵运行时不应有异常振动和声响、壳体密封处不得渗漏、紧固连接部位不应松动、轴封的温升应正常；在无特殊要求的情况下，普通填料泄漏量不应大于60mL/h，机械密封的不应大于5mL/h。

(3) 水系统的试运行：空调工程水系统应冲洗干净、不含杂物，并排除管道系统中的空气；系统连续运行应达到正常、平稳；水泵的压力和水泵电机的电流不应出现大幅波动。系统平衡调整后，各空调机组的水流量应符合设计要求，允许偏差为20%；多台冷却塔并联运行时，各冷却塔的进、出水量应达到均衡一致。

(4) 水系统检测元件的工作：各种自动计量检测元件和执行机构的工作应正常，满足建筑设备自动化（BA、FA等）系统对被测定参数进行检测和控制的要求。

(5) 空调房间的参数：

1) 空调室内噪声应符合设计规定要求；

2) 有压差要求的房间、厅堂与其他相邻房间之间的压差，舒适性空调正压为0~25Pa；工艺性空调应符合设计的规定。

3) 有环境噪声要求的场所，制冷、空调机组应按现行国家标准《采暖通风与空气调节设备噪声声功率级的测定——工程法》（GB 9068—88）的规定进行测定。洁净室内的噪声应符合设计的规定。

(6) 工程控制和监测元件及执行机构：通风与空调工程的控制和监测设备，应能与系统的检测元件和执行机构正常沟通，系统的状态参数应能正确显示，设备连锁、自动调节、自动保护应能正确动作。

由以上可知，检验项目质量标准有验收规范直接规定、执行相关标准和依据设备技术说明文件三种方式。

由于系统调试涉及几个子分部工程，因此执行时还须与其他相关检验批项目对照。另外，验收规范还有基本规定、一般规定等内容，它们虽然不是主控项目和一般项目的条文，但这些内容也是执行主控项目和一般项目的依据。

依据检验项目，验收规范同时给出了"工程系统调试检验批质量验收记录"表格格式。施工单位按验收规范规定的调试要求和检验项目进行检查、评定和记录必定是正确的，但验收规范只规定质量验收标准，不规定其施工方法。采用何种施工工艺标准及施工方法完全由施工单位自己确定，体现了现行统一标准和验收规范"验评分离、强化验收、完善手段、过程控制"的思想，给予施工单位以更大的技术发展空间，有利于技术创新，但也提高了对施工单位现场质量管理的要求。施工单位现场质量管理应有相应的施工技术标准以及健全的质量管理体系、施工质量检验制度和综合施工质量水平评定考核制度。

二、空调系统试运行与调试基本程序

对空调系统试运行与调试，施工单位要依据设计图纸、相关技术标准和设备及产品技术说明文件编制试运行与调试方案。设计图纸是工程施工、检查、调试、验收的最基本根据。相关技术标准指工程约定和施工涉及的设计、施工和质量验收标准及规范，包括前面介绍的统一标准和验收规范，以及其他相关国家标准、行业标准、地方标准和企业标准等。其中施工技术标准（也称"工艺标准"）是编制施工和试运行调试方案的最主要依据。安装和运行调试所依据的设备及产品技术说明文件一般执行行业或企业标准，属工艺标准范围。由此可以理解统一标准和验收规范的基本技术原则：国家标准和规范规定工程质量标准，这是必须达到的最低质量要求；施工和试运行按照工艺标准进行操作和质量控制，工艺标准的要求可以全部或部分高于国家标准。即按设计图施工，按工艺标准进行质量控制，按国家标准进行验收。因此空调系统试运行与调试应符合以下基本程序：

（1）以不低于国家标准和规范规定的最低质量要求为原则应用工艺标准，工艺标准在现阶段可以是企业标准、操作规程，也可以是企业编制的工法等。

（2）依据设计图纸和设备及产品技术说明文件，按照工艺标准编制试运行与调试方案，设计操作程序和操作方法。并对每一检验项目设计质量控制检查点，提出质量控制要求和目标。同时按质量控制要求准备每一项目的检验记录表格和验收规范要求的检验批质量验收记录表格。如果设备技术说明文件明确规定了安装调试方法和质量控制要求，方案可直接引用。

（3）按照试运行与调试方案设计的操作程序和操作方法，在建设、设计、监理单位参与的条件下，对空调系统进行检查和试运行调试，使其达到设计的技术指标。

（4）在试运行与调试的同时，由项目专业质量检查员和调试人员对各检验项目进行质量检查与评定，在重要质量控制检查点要形成记录，每一检验项目完毕后，一定要有记录。检查记录由项目专业质量检查员签字，由监理工程师认可达到要求后才能进入下一检验项目或工序。

（5）试运行与调试中若发现设计、制造和安装质量问题，应按照施工单位质量管理体系对不合格质量问题的处理规定进行记录、标识、判别、汇报，待整改完毕后再重新进行检测。

三、检验批质量验收记录

在空调系统试运行与调试过程中会形成大量记录表格，这些都是有用的，是施工单位评定质量和正式填写检验批质量验收记录的依据，也是存档的原始记录。施工单位按以下方式填写检验批质量验收记录：

1. 主控项目和一般项目

施工单位依据试运行与调试的原始记录，填写"工程系统调试检验批质量验收记录"中"施工单位检查评定记录"的各个项目栏。

（1）定量项目按验收规范要求填写检查数据，对超过验收规范要求的数据用△标记。

（2）定性项目，当符合验收规范规定时，用打"√"的方式标注；不符合规定时用打"×"的方法标注。

（3）对既有定性又有定量的项目，各个子项目质量均符合规定时，用打"√"标注；否则采用打"×"标注。

（4）无此项内容的用打"/"标注。

2. 施工单位检查评定结果

施工单位自行检查评定合格后，可正式签认检验批质量验收记录。专业工长（施工员）和施工班、组长栏目由本人签字，以示承担责任。专业质量检查员代表施工单位逐项检查，在检验批质量验收记录的"施工单位检查结果评定"栏内注明"检查评定合格"等字样表明结果，签字后，交监理工程师或建设单位项目专业技术负责人验收。

空调系统试运行与调试过程中，监理人员一般采用旁站观察、抽样检测等方法进行监理，并参加重要项目的检测工作。在检验批验收时，对主控项目和一般项目应逐项进行验收。

第二节 施 工 准 备

这里施工准备是指空调系统试运行与调试前的准备工作。大、中型空调系统服务范围大，设备、部件种类多，功能各异。空调设备、部件和管线安装需要与土建、装饰和水电等分部工程相互配合。系统试运行与调试的安排应考虑多方面因素，施工准备的主要内容有以下三个方面：

（1）技术准备；

（2）检测仪器准备；

（3）现场准备。

一、技术准备

通风与空调工程的系统试运行与调试，应由施工单位负责、监理单位监督、设计单位与建设单位参与和配合。系统试运行调试的实施可以是施工企业本身或委托给具有调试能力的其他单位。具备空调工程安装资质和能力的施工企业一般也具备空调系统的调试能力。但调试人员应以有空调工程理论知识，有实际操作经验的技术人员和高级技工为骨干，参与人员需经过培训并具备上岗资格。组成的试运行调试小组由技术负责人统一指挥。

根据服务对象不同，空调系统的设备组成、工程规模、技术参数和检测调试要求会有很大差别，调试人员不能完全凭经验和记忆进行操作，必须认真做好技术准备工作。

（1）熟悉空调系统设计图纸和有关技术文件，领会设计意图，详细了解系统的运行工况和服务对象的工艺要求，以及温度、湿度、空气流速流形、压力、洁净度和噪声等空气调节技术指标。

（2）熟悉空调系统，主要子系统有空气处理与送（回）风系统、供冷（热）系统和电气与自动调节系统。调试人员应仔细阅读空调设备技术说明文件，了解设备的功能参数和技术特点、与相关设备的联系与作用，以及设备试运行与调试的内容、程序、方法和质量要求。自动控制与调节系统要了解敏感元件和执行机构的安装位置与信号传递属性。自动控制与调节系统和制冷系统调试分别应有建筑弱电（建筑智能）和制冷专业方面的技术人员参与指导。

（3）熟悉国家现行有关通风与空调工程施工质量验收规范和通风与空调工程施工工艺标准。施工质量验收规范明确规定了施工与试运行调试的质量控制项目与要求，是必须执行的标准。工艺标准是指导通风与空调工程安装施工和运行调试的技术文件，由地方或行业依据规范编制，会有多种版本。内容概要包括工艺流程、准备工作、工艺方法、质量控制，以及安全与环保措施等。为适应发展的需要，规范在使用一段时间之后会重新修订，或新版规范颁发，旧版作废。工艺标准也会做相应修改或出版新版，但常规工艺程序和基本工艺方法不会有太大变化。施工人员要注意规范的发展情况，避免应用已废止的规范与标准。

（4）为保证试运行与调试工作顺利进行，大、中型空调系统应编制试运行与调试方案。方案须报送施工单位主管工程师和专业监理工程师审核批准。方案批准后，应组织参与人员认真学习，做好技术交底工作，试运行与调试应严格按方案进行。试运行调试结束后，必须提供完整的试运行有关检测与调试的资料和报告。

（5）空调系统试运行与调试时，系统必须按要求安装完毕，并按要求已完成风管和现场组装的空调机组漏风量检测。试运行调试之前，施工单位应会同设计、建设和监理人员对已完毕工程进行全面检查，要求全部分项工程检验验收资料齐全，工程质量符合设计和施工质量验收规范的规定。

二、检测仪器准备

空调系统试运行调试和检测所用的仪器仪表应根据实际需要选用。主要检测仪器仪表和使用方法可参见第一章。使用检测仪器仪表应注意：

（1）所有使用的仪器仪表必须有出厂合格证书和鉴定文件，严禁使用无合格证的产品。

（2）仪器仪表必须在检定周期内，严禁使用检定不合格和超过检定期的仪器仪表。

（3）系统检测调试所使用的仪器和仪表，性能应稳定可靠，其精度等级、量程及最小分度值应能满足测定的要求，并应符合国家有关计量法规及检定规程的规定。在选择仪器仪表量程时，一般使被测量值能达到量程或上限的 2/3 或 3/4 为好。

（4）搬运和使用仪器仪表要轻拿轻放，防止振动和撞击，不使用时应放入专用仪表工具箱内入库妥善保管。

（5）使用人员应熟练掌握测试仪器仪表的使用方法，要防止因安装使用仪器仪表不规范而产生系统误差和过失误差。

三、现场准备

现场准备也是非常重要的准备工作。调试人员除要了解空调工程本身的施工情况外，还要全面了解与空调系统相关的土建、装饰以及建筑水电施工情况，才能合理安排试运行与调试的时间。现场应具备的条件和应完成的准备工作有以下几个方面：

（1）要求空调系统范围内的土建工程全部完成，门窗能正常关闭。装饰工程应为空调系统隐蔽位置的检测与调试留有足够操作空间。对于洁净空调系统，一般要求装饰工程也应全部完成，特别要防止试运行调试之后的施工破坏系统和洁净室内的洁净度与严密性。

（2）试运行与调试期间所需用的水、电、蒸汽及压缩空气等系统，应具备使用的条件。空调系统设备不允许采用临时供电的方式试运行。作为检测与调试用的临时设备，供电应符合施工现场供电的有关规定。现场消防设施完善，排水系统应畅通。

（3）根据试运行、检测和调试的需要，合理布置检测与调试用的临时设备，位置要满足使用的要求，也要不妨碍现场的通行和运输。

（4）空调系统试运行与调试之前，应对空调系统范围内和附近区域全面清扫，清除建筑垃圾和杂物。特别是风口附近要清扫干净，防止吸入或吹起灰尘。新风口附近还未绿化的地坪应洒水夯实。洁净空调系统安装前应已经进行过全面清扫，试运行调试前的清扫要防止大面积扬灰。清扫时洁净室和空调系统封闭的孔口不能打开，清扫后要对洁净室围护和空调系统进行全面擦拭。擦拭采用退步方式并使用清洁水或符合规定的清洗液。对有吸水性的部件，要防止吸水生霉。

空调系统试运行与调试的施工准备工作内容多、难度大，特别是试运行与调试方案的编制，具有很强的技术性。施工准备工作做得不好，试运行与调试就可能出现程序混乱、误动操作和重复返工等问题，严重的还可能发生事故。因此参与人员应分工明确、责任落实，完成每一项工作都应经过自检和互检，并有详细记录。试运行与调试小组的技术负责人要全面了解准备工作的进程和完成情况，以防遗漏工序，消除事故隐患。

第三节 空调系统试运行调试方案的编制

空调系统在施工前已编制工程施工组织设计，其中施工方法与技术措施部分可以包括系统试运行调试的内容。但对于技术复杂、工程量大的空调系统，应单独编制试运行调试方案，详细说明试运行要求和检测、调试项目。单独编制也有利于调试人员学习、领会和相互配合。空调系统试运行调试方案应由有经验的技术人员负责编写，主要包括以下十个方面的内容：

（1）工程概况；
（2）技术依据；
（3）调试工程量；
（4）试运行与调试程序；
（5）试运行与调试准备工作；
（6）试运行调试工艺方法；
（7）不合格质量处理规定；
（8）成品保护；

(9) 安全与环保措施；
(10) 附表。

一、工程概况

主要阐述空调系统的服务对象、工程规模和技术特点，同时介绍设计、施工与试运行调试单位。

据了解，在编写空调系统试运行调试方案时，"工程概况"多只作为方案的格式需要，对系统特点阐述还未引起足够重视，这是不正确的。实践证明，系统阐述清楚，对帮助调试人员进一步熟悉空调系统组成，领会试运行调试的程序、设备、项目和质量目标，以及指导试运行调试的操作都会有很大帮助。由于参加调试的是熟悉空调、制冷和控制的技术人员，对系统特点可根据工程实际，重点介绍空调系统有关能量调节、自动控制、连锁保护等方面的内容，以及与试运行调试有关的技术参数。

完整的空调控制系统包括对空调风系统、冷热源和水系统等部分的控制，具有检测、调节和安全保护与故障报警等多项功能。不同空调工程的控制系统会有很大差别，而且涉及空调全年运行多种工况，具有测控点多、测控参数多、系统复杂的特点。随着计算机技术的发展，直接数字控制系统（简称 DDC 系统）在空调控制系统中也已经得到较普遍应用。对于空调系统被纳入微机监控中心的集散智能控制方式，暖通空调技术人员对此相对陌生，而建筑智能（弱电）专业的人员对空调与冷热设备性能、系统组成和运行工况更是了解不多，要全面领会空调控制系统的工作原理和调节过程，还需要空调与控制技术人员的互相配合。事实上，目前也非常需要这方面的机电一体化的人才。

二、技术依据

指试运行调试所依据的技术文件。有设计图纸和相关设计资料；国家现行有关标准和规范；采用的工艺标准；设备技术说明文件等等。

三、调试工程量

一般以列表方式统计调试工程量。列表以一套完整的空调系统为单元，分别按子系统统计，大型空调系统可以细分按分区统计。统计的对象为需要试运行与调试的设备（台、套）和风口（个）。列表一般应注明设备和部件的名称型号、施工图代号、安装地点、铭牌技术参数（如功率、流量、扬程、压力）等。在每个统计对象表格的最右边可列备注栏，该设备或部件试运行调试完毕后在备注栏内注明，审查表格的备注栏就可以了解整个工程试运行调试的进程与情况。

四、试运行与调试程序

设计空调系统试运行调试程序要根据空调系统本身的特点，也要符合机电设备试运行调试的基本原则，即：

(1) "先单机，后系统"，必须先单机试运行合格以后才能系统试运行。

(2) "先电气，后设备"，不能在电气系统安装后，未经检查调试合格就盲目启动设备。

(3) 对风机、水泵等设备试运行应"先手动，后点动，再运行"，这样可以事先发现设备的安装质量问题，如转动件的偏心、与机体的摩擦、联轴器不对中以及机体内的异物等故障与隐患。

(4) "先无负荷，后带负荷"，无论是单机还是系统试运行，都必须先无负荷试运行合格以后才能带负荷试运行。

由于空调系统在工程规模、系统设备和施工难度等方面的差异，以及投入的人力多少不同，试运行调试不会有完全相同的程序。对一般集中式空调系统大致可参考图2-1，净化空调系统可参考图2-2。在制定试运行调试方法时，对某一具体的单机或子系统，还可以根据具体情况制定更详细的操作工艺流程。

五、试运行与调试准备工作

主要包括对已完工工程的检查、检测仪器准备和现场准备三部分，可参见本章第二节内容。

六、试运行与调试方法

应根据设计的试运行调试程序和采用的工艺标准，对被调试设备和各检验项目逐一设计操作方法，包括每一项目试运行调试前的准备工作、需运用的计算公式、需填写测试参数的记录表格，表格可以在最后统一列出。试运行与调试方法是技术交底的重要内容，对一般熟悉的工艺部分可以简要说明；对采用新技术、新工艺、新设备的部分应详细阐述。技术说明要与施工图和系统图相结合。当施工图不足以全面反映系统运行、控制和调试过程，或示图分散、读图不方便时，应根据试运行调试的要求补画示意图，详细反映各子系统组成、走向，各子系统以及测控点、受控设备与控制设备之间的联系。设计试运行与调试方法可参考本书相关内容。

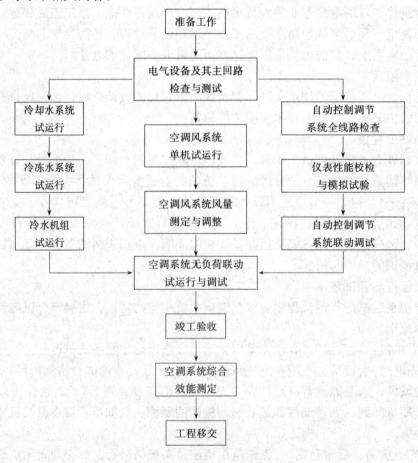

图 2-1　集中式空调系统试运行调试工艺流程

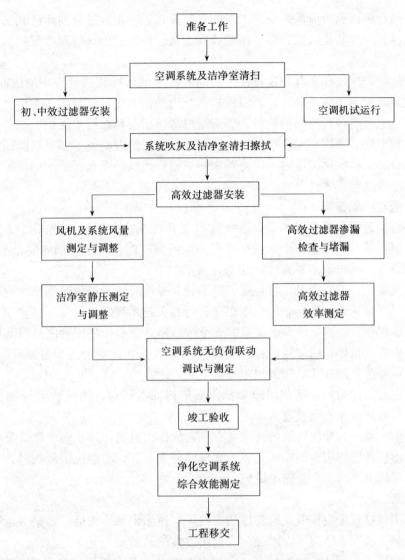

图 2-2 净化空调系统试运行调试工艺流程

七、不合格质量处理规定

即试运行与调试中若发现不合格质量问题，施工单位应如何记录、汇报和处理的规定与程序。施工单位应该有完善的质量管理体系和制度来规范对不合格质量问题的处理。

对于不影响试运行与调试正常进行的问题可以先进行记录，待这一阶段试运行调试完成后统一分析解决。当发现严重不合格质量问题时，应首先停止该项目试运行与调试工作。然后分析不合格质量是属于设计、制造还是安装的问题，由责任方提出整改方案，经各方认可后进行处理。待整改完毕后应重新进行检测，并要符合统一标准与验收规范的规定。

八、成品保护

空调系统试运行调试时，本工程及土建、装饰均接近全部完工，试运行调试应制定成品保护措施：

(1) 试运行调试人员应保护空调工程的安装成果，防止因过失损坏已完工的设备与管线。例如在操作中应防止因踩、攀、压管线和设备，使其变形或保温（保护）层或表层涂料被破坏。

(2) 试运行调试过程会有中途停顿，其间要做好试运行调试过程中的成品保护工作。对洁净系统要及时封闭敞开的孔口，以保护系统内的洁净度。水系统冬季要注意防冻。设备单机试运行之后有较长时间停顿时，应切断电源，用塑料布覆盖保护。

(3) 应与土建、装饰和室内水电工程协调，互相保护劳动成果。当空调试运行调试之后还有其他分部工程收尾工序时，应协调做好试运行调试的成果保护，如保护阀门位置和洁净室内的洁净度与严密性等。

九、安全与环保措施

空调系统试运行调试涉及的设备种类多，工作范围大，容易造成人员受伤和环境污染。因此应根据国家、地方和企业颁布的有关法规和制度，制定详细的安全与环保措施，并要求严格遵守。其内容主要有以下几个方面：

(1) 电气安全：如检测电气设备要挂警示牌，操作时随身携带试电笔作验电检查，线路未检查合格严禁送电。现场临时用电必须符合有关技术规定等。

(2) 高空作业：如高空作业必须系好安全带，高处作业严禁穿硬底易滑的鞋。搭斜梯和上人字梯要有人扶梯，所使用的梯子不得缺档，不得垫高使用，下端要采取防滑措施。在吊顶内作业要防止踏在非承重的地方等。

(3) 操作安全：如风管吹扫时应提示人员不得面对风口，防止吹出异物伤人（眼）；运转设备运行时要防止衣物被卷入等。

(4) 防止污染：如冲洗管道的污水要有畅通的排出通道，防止污染建筑及装饰。在调试过程中所形成的固体废弃物应按现场管理规定分类处理，不能乱丢乱扔等。

(5) 其他施工现场安全及保卫措施。

十、附表

试运行调试过程中应按事先准备好的表格填写原始记录。表格应根据试运行检测与调试的需要编制，所用表格编号以附表方式列于方案的最后。

空调系统试运行调试方案编制完成后，应送交本企业主管工程师和监理工程师审批，获批准后才能实施。

第四节 空调系统试运行调试方案示例

本章第三节讲述了空调系统试运行调试方案的编制方法，下面以某商场空调系统夏季工况的试运行调试方案为例进行介绍。

一、工程概况

××商场空调工程由××安装公司负责安装与调试，由××监理公司负责工程监理。商场地上4层，地下1层，每层建筑面积为2199m^2，地下层作车库用，只设置通风系统，地上4层设置有空调系统。商场夏季冷负荷为1920kW，冬季的热负荷为760kW，室外设计参数如表2-1所示，室内设计参数如表2-2所示。地上一至三层为商场营业用房，空调方式采用新风加吊装式空调机的方式，每层共设置有8台吊装式空调机，新风直接从屋顶通过新风竖井引进，只作了简单的粗效过滤后，进入每台吊装式空调机，与商场内的回风混合再经过吊装式空调机处理，由散流器送风。四层为办公用房，空调方式为新风加吊装式空调机，共设置了两台吊装式空调机，59台卧式暗装风机盘管，新风要进入风机盘管。整个空调系统的冷源为设置在屋顶的单螺杆水冷式机组2台，单台的制冷量为995kW，采用R22作为制冷剂，冷冻水的供水温度为7℃，回水温度为12℃。冷却水在低噪声冷却塔内冷却，单台的冷却水量为250m^3/h，冷却水进水温度为37℃，出水温度为32℃。热源采用了设置在屋顶的燃气热水机组一台，供热量为756kW，供水温度为60℃，回水温度为50℃。

室 外 设 计 参 数　　　　　　　　　　　　　　表 2-1

夏　季		冬　季	
空调室外计算干球温度（℃）	32.1	空调室外计算温度（℃）	1.0
空调室外计算湿球温度（℃）	26.0	空调计算相对湿度（%）	80
平均风速（m/s）	1.9	平均风速（m/s）	1.4
大气压力（kPa）	94.7	大气压力（kPa）	96.3

室 内 设 计 参 数　　　　　　　　　　　　　　表 2-2

房间名称	夏　季		冬　季	新风量 [m^3/(h·人)]
	温度（℃）	相对温度（%）	温度（℃）	
商场	27	60	18	20
办公室	25	60	18	30
会议室	26	60	18	40

二、技术依据

（1）设计院提供的设计图纸；
（2）《建筑给排水及采暖工程施工质量验收规范》（GB 50242—2002）；
（3）《通风与空调工程施工质量验收规范》（GB 50243—2002）；
（4）《建筑安装工程施工质量验收统一标准》（GB 50300—2001）；
（5）吊装式空调机组、风机盘管、单螺杆水冷式冷水机组等设备的安装使用说明书及相关的技术资料；
（6）《制冷设备、空气分离设备安装工程施工及验收规范》（GB 50274—1998）。

三、调试工程量

调试工程量如表 2-3 所示。

调 试 工 程 量　　　　　　　　　　　　　　表 2-3

序号	名称	型号	L（m^3/h）	N（kW）	地点	单位	数量	备注
1	吊装式空调机	KCD×08	8000	1.1×2	第一层商场	台	8	
2	吊装式空调机	KCD×08	8000	1.1×2	第二层商场	台	8	
3	吊装式空调机	KCD×08	8000	1.1×2	第三层商场	台	8	
4	吊装式空调机	FOC4.0	4000	0.75×2	第四层办公室	台	1	

续表

序号	名称	型号	L (m³/h)	N (kW)	地点	单位	数量	备注
5	吊装式空调机	FOC5.0	5000	1.1×2	第四层办公室	台	1	
6	卧式暗装风机盘管	FOP-600	1083	0.084	第四层办公室	台	2	
7	卧式暗装风机盘管	FOP-800	1503	0.109	第四层办公室	台	33	
8	卧式暗装风机盘管	FOP-1000	1760	0.131	第四层办公室	台	8	
9	卧式暗装风机盘管	FOP-1400	2400	0.203	第四层会议室	台	16	
10	单螺杆水冷式冷水机组	LS995Z		208	顶层	台	2	
11	燃气热水机组	WNS0.75		1.1	顶层	台	1	
12	低噪声冷却塔	LBC-M-250		11	顶层	台	2	
13	散流器	XM-6 方型			一至四层	个	137	

四、试运行和调试程序

试运行和调试按以下程序进行：

(1) 试运行和调试的准备工作。

(2) 检查与测试供配电主回路、电力控制系统及其电气设备。

(3) 三个相对独立的子系统试运行与调试：

1) 空调的水系统（冷却水和冷冻水）和冷水机组的试运行；

2) 空调系统的风机、风机盘管、空调机组等试运行，以及空调风系统风量的调整；

3) 自动控制系统及其设备的检查与调试。

以上三个子系统试运行与调试工作流程可参考图2-1，是采用平行、顺序或是搭接方式安排工序应视投入人力等实际情况而定。

(4) 空调系统的无负荷联动试运行与调试工作。

(5) 系统无负荷联动试运行调试合格以后，做好工程收尾工作，准备系统的竣工验收。

(6) 系统的综合效能测定工作，根据业主安排，在商场试营业前期对室内温度及波动范围、室内外压差进行测定和调试。

(7) 综合效能测定完成以后，准备工程移交工作。

五、试运行与调试准备工作

1. 技术准备

(1) 熟悉空调系统施工图、设计说明书和设计更改通知等，领会设计者的设计意图。

(2) 详细了解空调系统的形式、原理、流程、管道的走向布局、阀门的设置及作用。

(3) 详细阅读设备说明书，掌握系统设备的型号、规格、性能、运行的注意事项，以及有关技术参数等情况。

(4) 熟悉经审核批准的试运行与调试方案，以及相应的成品保护、安全保护和环境保护等措施，并形成交底记录。

(5) 编制试运行和调试的材料、工具计划（略），测量仪表配置计划如表2-4所示。

(6) 会同设计单位、监理单位和建设单位对已完工的安装工程按设计要求和施工质量验收规范进行验收，资料应齐全。

测量仪表配置计划　　　　　　　　　　表2-4

序号	仪表名称	单位	数量	规格或型号	用途
1	兆欧表	台	1	500～1000V	测绝缘电阻
2	万用表	只	2	普通型	测电流、电压、电阻
3	钳形电流表	只	1	0～20A	测电流
4	电流表	只	3	0～10A	测大电流
5	水银温度计	只	15	-30～50℃	测温度
6	热电风速仪	台	2	0.05～30m/s	测风速
7	数字温湿度计	台	1	温度：-20～+60℃ 湿度：10%～95%RH	测空气温度、相对湿度
8	干湿球温度计	台	2	-20～+45℃	测空气干湿球温度
9	倾斜式微压计	台	3	普通	测压力与压差
10	毕托管	根	3	普通	测压力与压差
11	机械式转速表	只	1	普通	测风机、电机转速
12	大气压力表	只	1	普通	测大气压力
13	压力表	只	3	0～2.4MPa	R22制冷系统试压
14	卤素检漏仪	只	1		R22检漏

(7) 试运行与调试人员应经过培训，并具备上岗资格。

2．检测仪器的准备

(1) 所使用的检测仪表必须有合格证，在使用前应经过校检并合格。

(2) 检测仪表应进行维护保养。贵重精密仪表要妥善保管并建账管理，使用时应检查和记录使用情况。

(3) 操作人员应进行培训，熟悉检测仪表的操作方法和技巧。

3．现场准备

(1) 空调房间的土建工程应已结束，室内的卫生条件符合试运行和调试的要求。

(2) 空调系统外部环境清洁，建筑垃圾已彻底处理干净。

(3) 准备干燥、清洁、无腐蚀的房间作为仪表设备存放间和工作间。

(4) 所有空调系统设备均已安装完毕。空调水系统已冲洗和试压。风管完成漏风量检测。冷水机组已形成工作条件。

(5) 试运行与调试所用的水、电系统必须符合使用条件。临时供水系统应冲洗干净才能投入使用。

六、试运行与调试工艺方法

试运行调试工艺方法部分的内容较多，这里省略，具体详见本书第三、第四和第五章。但应注意以下事项：

(1) 试运行与调试工艺方法在编写前，应仔细研究所调试的空调系统，充分理解设计者的设计意图和工程的特点。

(2) 确定试运行与调试工艺方法应该依据现行的国家和企业工艺标准，一般情况下应优先选用成熟的工艺方法。

（3）若试运行与调试工艺方法中采用了新工艺、新技术和新方法，应该重点加以详细的阐述和说明。

（4）在试运行与调试工艺方法的编写中，应考虑空调、制冷和控制三部分工作的相互配合与协调。

（5）试运行与调试工艺方法最好图文相结合加以说明。工艺操作过程（工序）用流程图示意，工艺方法按工序编写说明。

（6）试运行与调试工艺方法应包括试运行的方法、试运行的合格标准、试运行的注意事项；测试仪表、测试方法、测试合格标准；相关的计算公式以及测试参数的记录表格等内容。

七、不合格质量处理规定

凡试运行与调试中发现的所有不合格的质量问题，必须按照公司（指施工单位）质量体系对不合格质量问题的处理规程进行处理。

（1）对于发现的不合格质量问题应如实填写在质量体系的《不合格记录》表中，一式四份。内容包括：发现位置、问题性质、判定依据以及对工程产生的影响或危害。

（2）根据产生质量问题的原因，若属于我方（即施工单位）责任，应将其中一份不合格记录转交相关班组整改；一份随检测试验报告一道受控。

（3）若属于设备质量或设计等问题，应将不合格记录送交建设、监理和责任单位，会同相关单位及时进行处理。

（4）对于不影响试运行与调试工作的质量事故，可以先记录到《不合格记录》中，经专业质量检查员和监理同意后，可先继续完成本阶段试运行与调试工作，然后由各责任单位整改。

（5）对于发现的重大不合格质量事故，应停止该项目的试运行调试工作，并根据产生质量问题的原因，将不合格及质量事故记录上报和送交相关单位，及时会同相关单位进行处理。

（6）相关单位整改方案需经认可后才能实施，整改完成后，应重新进行试运行调试和检测。

八、成品保护

（1）每道施工工序完成后，都必须做好成品保护工作，并且注意与其他工种之间的协调，做好相互间的成品保护工作。

（2）空调试运行和调试时，不得踩、踏、攀、爬管线和设备等，不得破坏管线及设备的外保护（保温）层及涂料层。

（3）对于易碎的成品，在试运行和调试时，要注意保护，防止人为碰撞造成损坏。

（4）系统调试完成后，应对各调节阀的阀位做好标记。

九、安全与环保措施

在空调系统的试运行和调试工作中，由于有高处作业的内容和容易造成环境污染的工序，因此，必须高度重视安全工作和环境保护工作。

（1）参加试运行与调试的人员应由专业技术和安检人员进行安全交底，以充分了解试运行与调试工作中的危险处，以及发生危险后的应对措施。

(2) 进入施工现场的人员必须按规定穿戴劳动保护用品，高空作业必须系好安全带，戴好安全帽。

(3) 高处作业应按规定轻便着装，戴好安全帽，严禁穿硬底、铁掌等易滑的鞋。

(4) 高处作业所使用的梯子不得有缺档，斜搭梯和人字梯必须有人扶梯，梯子不得垫高使用，下端应采取防滑措施。

(5) 在吊顶内作业时，切勿踏在非承重的地方，也不得依靠非承重点着力。

(6) 在电气设备检测时，要注意在配电箱或开关处挂警示牌或安排专人看守。

(7) 接触电气设备时，要按电气安全规程作业，随身携带试电笔并有检查记录。

(8) 电气设备送电必须在线路检查合格后才能进行。

(9) 使用仪器和设备时，要按照仪器及设备的安全操作规程合理使用。

(10) 在设备运行前，必须对设备进行仔细检查，防止异物损伤设备。

(11) 在调试过程中，必须遵守各项环保措施。调试过程中形成的固体废弃物要分类处理，不能随便丢弃。

(12) 水银温度计、压力计的使用要严格遵守操作规程，防止破碎后水银污染环境。

十、附表

附表可参见相关的国家标准或企业标准，鉴于篇幅有限，这里不一一列举。

思考题与习题

1. 国家现行统一标准和验收规范的指导思想是什么？
2. 空调系统试运行与调试工作由谁负责主持？试运行与调试主要包括哪些子分部工程？
3. 熟悉验收规范对空调系统试运行与调试的检验批检验项目和质量标准。
4. 熟悉统一标准和验收规范的基本技术原则，简述空调系统试运行与调试的基本程序。
5. 空调系统试运行与调试作业准备有哪些工作？
6. 空调系统试运行与调试方案应有哪些内容？编制试运行调试工艺方法应依据哪些技术资料？
7. 空调系统试运行调试应如何做好成品保护和安全与环保工作？
8. 确定空调系统试运行调试工艺方法为什么应优先选用成熟的方法？这样做有哪些好处和缺点？

第三章　空调电气与自动控制系统调试

空调电气及自动控制系统的检测与调试工作应由有实际经验的电气与控制专业人员负责，暖通空调专业安装人员配合；而在空调系统无负荷联动试运行调试中，则是前者配合后者工作。电气与控制调试人员应参与空调系统试运行方案的编制。电气与自动控制系统调试大致可分为三个阶段。为了满足风机、水泵和冷水机组等设备单机试运行，应先进行主回路（强电）系统检测，保证供电需要；在空调系统所有设备安装完毕后，可以对自动控制系统单独进行检测和模拟联动调试；第三步是与冷水机组联合运行调试及整个空调系统无负荷试运行调试。由于电气与控制内容超出本专业范围，因此本章主要为空调设备安装调试人员介绍检测与调试的基本知识。

第一节　空调自动控制与调节系统基本知识

一、空调系统自动控制与调节的基本内容

空气调节的任务是使空调房间内所规定的空气参数稳定在设计的范围内。空调自动控制的任务是对以空调房间为主要调节对象的空调系统的温度、湿度和其他有关参数进行自动检测和自动调节，以及对有关设备进行自动连锁和信号报警，以保证空调系统能在最佳工况点运行和对系统进行保护。空调系统自动控制与调节的基本内容可以有以下方面：

(1) 空调房间的温度、湿度、静压的检测与调节；
(2) 新风干、湿球温度的检测与报警；
(3) 一、二次混合风的检测、调节与报警；
(4) 回风温度和湿度的检测；
(5) 送风温度和湿度的检测与调节；
(6) 表面冷却器后空气温度及湿度的检测与调节；
(7) 喷水室露点温度的检测与调节；
(8) 喷水室或表面式冷却器供水泵出口水温和水压的检测；
(9) 喷水室或表面冷却器进口冷水温度的检测；
(10) 空调系统运行工况的自动转换控制；
(11) 空调、制冷设备工作的自动连锁与保护；
(12) 喷水室或表面式冷却器用冷水泵的转速自动调节；
(13) 空气过滤器进、出口静压差的检测与报警；
(14) 变风量空调系统送风管路静压检测及风机风压的检测、连锁控制；送、回风机的风量平衡自动控制；
(15) 制冷系统中有关温度、压力（如冷凝温度、冷凝压力、蒸发温度、蒸发压力、蒸发器冷冻水进、出口处的水温、水压，冷凝器冷却水进、出口处的水温与水压，润滑系

统中润滑油的压力、温度等）参数的检测、控制、信号报警、连锁保护等。

由于制冷系统的自动控制与调节有其相对特殊性，对这部分知识可学习本系列教材《制冷技术与应用》。

二、空调自动控制中的常用术语

(1) 调节对象：指自动控制系统中需要进行控制的设备，或需要控制的生产过程的一部分或全部。例如某空调房间、某空气处理设备、冷水机组、热交换设备等，简称对象。

(2) 调节参数：也称被调参数或被控量。在空调系统中，指需要由自动控制与调节系统将其稳定在允许范围内变化的物理量。例如空调房间内需要稳定的温度、湿度、静压等。

(3) 给定值：也称设定值，即通过控制系统作用，希望使调节参数保持恒定，或按预先设定的规律随时间而变化的数值。例如空调房间要求温度和相对湿度值分别为：24℃、50%，这个预先规定的24℃和50%就是室内参数的给定值，给定值在控制器中设定。

(4) 偏差：调节参数的实际值与给定值之间的差值称为偏差。它是控制器的输入信号，也是反馈控制系统用于控制的信号。如某空调房间要求室内温度为20℃，而经过调节系统调节后的房间温度为21℃，则 21 - 20 = 1℃即为偏差。偏差有动态偏差和静态偏差之分。

(5) 扰动：引起调节参数产生偏差的原因称为扰动或干扰。如室温调节产生的偏差可能会由于室外天气的变化，或由于热媒的温度或流量的改变而引起，则室外天气的变化、热媒温度或流量的变化都是干扰。

(6) 敏感元件：用来感受调节参数大小和变化，并输出信号的元件，又称为传感器或一次仪表等。在空调系统中，根据控制需要，敏感元件会安装在空调房间内、空调机组内、风管和水管内以及制冷系统的蒸发器后等各处。

(7) 控制器：指控制执行机构动作的二次仪表或装置，又称为调节器。它接受敏感元件输出的被控量信号，并将被控量的实测信号与给定值进行比较，检测偏差并对偏差进行运算，按照预定的调节规律向执行与调节机构发出调节指令。

(8) 执行机构：接受控制器（调节器）的指令并驱动调节机构动作的装置称为执行机构。例如电磁阀的电磁铁，电动调节阀的电动机与驱动机构等。

(9) 调节机构：直接影响和调节被调参数的机构称为调节机构，它是控制系统的末端装置，如两通或三通调节阀、风量调节阀、冷热媒管道上的阀门、电加热器的开关等。

第二节 空调自动控制与调节系统图例简介

一、空调自动控制与调节系统原理图

空调自动控制与调节系统原理图也称流程图。这种图用简单的图例符号和线条表示出控制系统各传感器、控制器、执行器等测控仪表之间，以及测控仪表与空调系统受控对象之间的联系。对空调设备安装调试人员和电气调试人员都容易理解。

图3-1是较典型的一次回风定"露点"控制原理图，集中式空调系统给两个空调区（a区和b区）送风，而且a区和b区室内热负荷差别较大，需增设精加热器（电加热器aDR，bDR）分别调节a、b两区的温度。由于散湿量比较小，或两区散湿量差别不大，可

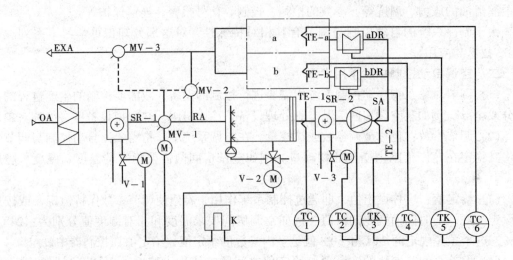

图 3-1 一次回风定露点空调系统控制原理图

用同一机器露点温度来控制室内相对湿度。适用于余热变化而余湿基本不变的场合。

该控制系统中有三种控制点,即:室内温度控制点两个(分别设在 a 区和 b 区),送风温度控制点(设在二次加热器 SR—2 后面的总风管内)和"露点"温度控制点(设在喷水室出风口挡水板后面)。其控制过程为:

(1) "露点"温度控制,该系统由温度传感器 TE—1、控制器 TC—1、电动双通阀 V—1、加热器 SR—1、电动三通阀 V—2 和喷水室等组成。

夏季由传感器 TE—1 将喷水室后的空气温度信号传递给控制器并与设定值比较,由 TC—1 控制电动三通阀动作,改变冷冻水与循环水的混合比来自动控制"露点"温度。冬季则是通过电动二通阀 V—1 调节新风 OA 的加热量,使新风温度能在经过一次混合后的状态点落在"露点"的等焓线上,再经喷水室绝热加湿,维持"露点"温度恒定。

为了避免一次加热器 SR—1 加热的同时向喷水室供冷冻水,在电气线路上还应保证电动三通阀和电动二通阀之间互相连锁,即仅当喷水室里全部喷淋循环水时才使用一次加热器。反之,则仅当一次加热器的电动双通阀处于全关位置时才向喷水室供冷冻水。控制盘上的转换开关 K 用于各种工况的转换。在有些自动控制系统中,季节工况的转换也可由自动转换装置来完成。

(2) 送风温度的控制系统由温度传感器 TE—2、控制器 TC—2、电动二通阀 V—3 和加热器 SR—2 组成,主要是对二次加热器的控制。当风机后传感器 TE—2 测到温度偏离设定值时,由控制器 TC—2 调节电动二通阀 V—3 改变加热器 SR—2 的供热量来维持该点温度稳定。送风含湿量由"露点"确定,不会变化。

(3) a 区室温控制系统由 a 区传感器 TE—a、控制器 TC—6、电压调整器 TK—5、电加热器 aDR 及 a 区对象组成。b 区也有相对应的控制系统。两区的余热不同,或本区的余热变化,表现为 ε 线的斜率不同,但送风点在过"露点"的同一条等湿线上,通过对精加热器(电加热器)加热量的控制,使送风点上移或下移来实现室内温度稳定。

图 3-2 是一次回风定"露点"DDC 控制原理图。主要功能有:

(1) 预热器控制:冬季根据露点温度偏差,调节新风 OA 的预热量,使新风温度能在

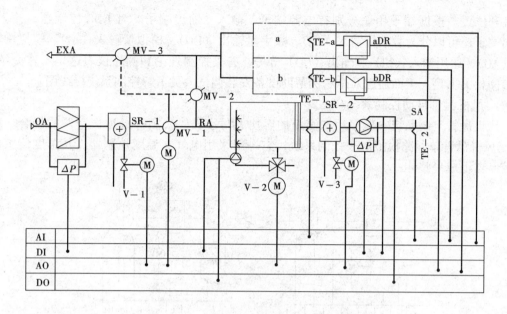

图 3-2 一次回风定露点 DDC 控制原理图

经过一次混合后的状态点落在"露点"的等焓线上,信号 AO;

(2) 新、回风门控制:冬、夏季使用最小新风,从冬季向过渡季逐步到使用全部新风,信号 AO;

(3) 喷水室冷水泵运行状态及电机故障监测,信号 DI;

(4) 冷水泵自动启停控制,信号 DO;

(5) 后加热器控制:根据 TE—2 检测送风管送风温度偏差,调节送风 SA 的加热量,信号 AO;

(6) 送风机运行状态及电机故障监测,信号 DI;

(7) 送风机状态监测:根据风机两侧压差比较,发出运行或停止状态的信号,DI;

(8) 送风机自动启停控制,信号 DO;

(9) 电加热器控制:由传感器 TE—a、TE—b 分别检测 a 区和 b 区温度偏差,对电加热器加热量调节控制,稳定送风点,信号 AO。

此外,控制系统还可以完成因季节变化的工况自动转换和系统启动时各设备启停顺序控制等工作。

由于空调设备安装调试人员熟悉空气调节方案和工况,因此应具备读识和绘制空调自动控制与调节系统原理图的能力,并将原理图用作与电气调试人员技术交流的工具。

二、空调自动控制与调节系统接线图

空调自动控制与调节系统接线图全面反映了控制系统各传感器、控制器、执行器等测控仪表之间的接线端子的接线方式。对于集散式控制系统,还要表示分站(DDC 控制器)与中央站之间的总线联系。由于控制系统中的调节机构(如风机、水泵、电磁阀、电动调节阀、电动风阀、电加热器等)同时也是空调系统设备,因此设备调试人员有必要了解控制系统接线图。

读识控制系统接线图必须先通过产品说明书熟悉测控仪表的性能特点,了解接线端子属性和位置。根据端子用途分别有电源端子、输入、输出端子。对DDC控制器，输入、输出端子还可以分为数字量输入（DI）、数字量输出（DO）、模拟量输入（AI）、模拟量输出（AO）、通用输入（UI）和输出（UO）等等，有关控制理论和测控仪表这里不作介绍，可参阅相关书籍。下面通过几个示例帮助设备安装调试人员了解控制系统接线图。

1. 风机盘管自动控制系统

风机盘管空调系统一般多用在宾馆的客房、写字楼、公寓等舒适性空调的场合。图3-3是风机盘管单回路模拟仪表控制系统，它一般采用电气式温度控制器，其温度传感器与控制器组成一整体。

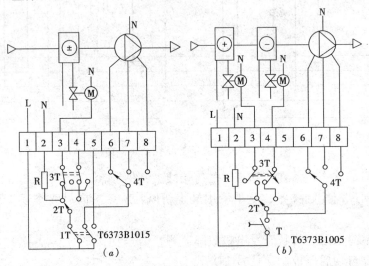

图3-3 风机盘管控制系统
(a) 双管制风机盘管温度控制系统；(b) 四管制风机盘管温度控制系统

图3-3（a）是双管制风机盘管温度控制系统。1T为电源开关，图示位置（即开关处于左边位置）为接通状态，若1T开关处于右边位置，则电源处于断开状态。2T为温控开关，图中位置表示温度低于设定值时的状态，若高于设定值时，2T将处于右边位置。3T为冬、夏季转换开关（或加热/制冷手动转换开关），图中位置为冬季运行工况。4T为风机三速手动控制开关。

假设现在处于冬季运行工况，即3T开关处于图示位置（左边），且温度低于设定值时的状态，即2T开关处于图示位置（左边），当然1T电源开关处于接通状态，图中热水阀门电动机M通电，热水阀门打开供热，温度上升；当升高到设定值时，温控开关2T处于右边位置，热水阀门电动机M断电，热水阀门关闭，停止供热，温度降低；当低于设定值时，温控开关2T又处于图示位置（左边），如此循环往复。反之，若现在处于夏季运行工况，即3T开关处于右边位置，且温度低于设定值时的状态，即2T开关处于图示位置（左边），图中冷水阀门电动机M断电，冷水阀门关闭，停止供冷，温度升高；当高于设定值时，温控开关2T处于右边位置，冷水阀门电动机M通电，打开冷水阀门供冷，温度降低；当低于设定值时，温控开关2T又处于图示位置（左边），如此循环往复。

图中R为"热量预感器"，接在端子2和温控开关上。由于加入了热量预感器，可以改善控制系统的动特性，下面分析其动作过程。

分析冬季加热控制过程，开关3T打在冬季运行工况，当被测温度低于给定值时，2T开关自动打在如图中的位置上，此时电源通过1T、2T、3T给热水阀门供电，打开阀门，开始加热，使室温上升；在阀门通电的同时，热量预感器R也开始通电，此电阻产生的热量可加热感温膜盒，使其温度变化比无热量预感器时要快，又略高一些，故使其控制关阀时刻要提前一点，在时间上有超前作用。如此，可使室温上升幅度降低一些，改善了控制系统的动特性。由于控制器加入了热量预感器，不仅减少了温度波幅，提高了环境的舒适度，又由于减少了过冷、过热现象而获得了节能效果。

图3-3（b）为四管制风机盘管控制系统，图中T为电源开关。2T为温控开关，图中位置表示温度低于设定值时的状态，若高于设定值时，2T将处于右边位置。3T为冬、夏季转换开关（或加热/制冷手动转换开关），图中位置为夏季运行工况。4T为风机三速手动控制开关。R为"热量预感器"，作用与图3-3（a）的R相同。

假设现在处于夏季运行工况，即3T开关处于左边位置（图示位置，热水阀门电动机M永远不可能通电），且温度低于设定值时的状态，即2T开关处于图示位置（左边），图中冷水阀门电动机M断电，冷水阀门关闭，停止供冷，温度升高；当高于设定值时，温控开关2T处于右边位置，冷水阀门电动机M通电，打开冷水阀门供冷，温度降低；当低于设定值时，温控开关2T又处于图示位置（左边），如此循环往复。反之，若现在处于冬季运行工况，即3T开关处于右边位置（冷水阀门电动机M永远不可能通电），且温度低于设定值时的状态，即2T开关处于图示位置（左边），图中热水阀门电动机M通电，热水阀门打开供热，温度上升；当升高到设定值时，温控开关2T处于右边位置，热水阀门电动机M断电，热水阀门关闭，停止供热，温度降低；当低于设定值时，温控开关2T又处于图示位置（左边），如此循环往复。

2. 新风机组控制系统

图3-4是两管制冷、热合用盘管的新风机组控制系统接线图，风道温度传感器TE—1检测送风温度。信号送至控制器TC—1与设定值比较。根据PI运算结果，控制器输出相应信号控制电动阀V—1，调节冷、热水量使送风温度保持在所要求的范围内。

装于冷、热水进水管上的恒温器TT—1可进行系统冬、夏季节工况转换。夏季时，系统供冷水，TT—1控制触点断开，Y1输出切换至正向动作，当送风温度升高时，电动阀V—1开大，使送风温度下降。冬季时，系统供热水，TT—1的控制触点闭合，Y1输出切换至反向动作，当送风温度低于设定值时，电动阀V—1开大使送风温度上升。

电动调节阀与风机连锁，当切断风机电源时，电动阀关闭（有防冻要求的场合可通过行程限位器将热水阀的阀位保持在要求的开度）。新风入口处的风阀执行器DA—1与风机连锁，当送风机启动时新风风阀全开；反之全关。压差开关DPS—1用于检测机组过滤器两侧的空气压差，当超过规定值时发出报警信号。

3. 冷水机组及水系统自动控制与调节系统

（1）工艺流程及设置。

1）工艺流程：由图3-5可以看出，冷冻水回水进入冷水机组后，经冷水机组将其制冷，然后将制冷后的冷冻水输送到空调系统或其他需用冷的系统中去，这个循环由冷冻水泵完成。冷冻水回水在蒸发器放出的热量，经制冷剂带至冷凝器，再由冷却水带到冷却塔排出；冷却水在冷却塔降温后再送回到冷冻机中去，这个循环由冷却水泵完成。第一个循

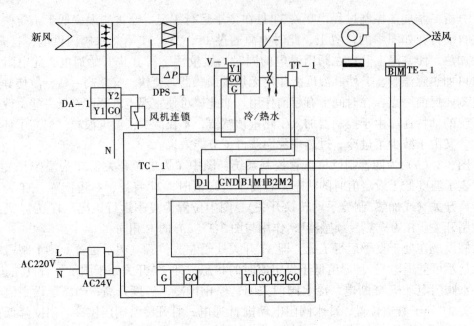

图 3-4 新风机组控制系统接线图

环是把冷量带走而把热量带回,第二个循环则是把热量带走而把冷却量带回。

该系统启动程序为冷冻水泵→冷却水泵→冷却塔风机→制冷机。停机程序为制冷机→冷冻水泵→冷却水泵→冷却塔风机。为了系统控制程序的可靠,冷冻水流开关和冷却水流开关的接点串接在冷冻机启动的出口继电器回路里,使之与附泵连锁。

两个循环启动后,制冷机将正常工作,同时在系统设置测量元件、调节控制装置和水流信号元件,以保证系统的正常运转。冷冻水泵和冷却水泵由电控箱控制,冷却塔风机则受调节控制装置的控制。

2) 仪表及自动装置的设置:

①在冷却塔出水管道上设温度传感器和温度调节指示控制仪表,控制冷却塔风机的启停并调节进水管道上的三通阀,控制其进水量。

②在冷冻水供水、回水管道上设差压调节器,测量系统供水、回水之间的差压值,然后控制电动阀的开度,使系统稳定。

③在冷冻水供水管路上和冷却水回水管路上分别设置水流开关,作为制冷机启动的连锁条件。

(2) 自动控制与调节过程。

1) 系统采用 220V 交流电源,控制调节部分采用经 TC 变压后的 24V 交流电源。

2) 系统中冷却塔出水温度采用 EVF020/40 型温度传感器 01,将水温信号变为电信号送到 ESRL11 型连续式定值控制器 02 中,控制器输出为连续的 P 或 PI 信号,对系统冷却塔出水温度进行调节。设置出水温度为 T0,对应控制器输出电压为 0V,偏差为 0,当偏差为正值时,输出信号则控制二步继电器 ESRM 动作,其接点 1K1 遥控冷却塔风机的启停状态;当偏差为负时,则改变电动阀 05(带定位器)EPOS 的开度,调节送入冷却塔的水量。同时由指针温度显示器 03(型号 FA1 T020/40),用其显示探测部位的回水水温。

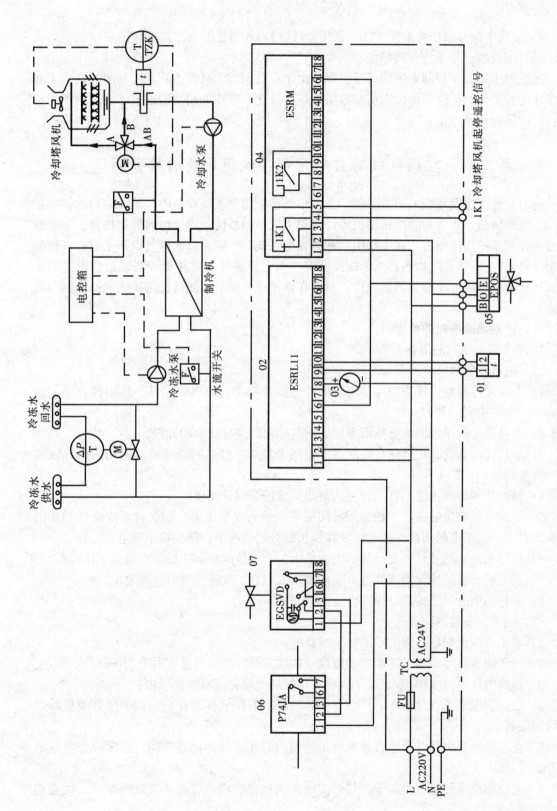

图 3-5 冷水机组及水系统自动控制与调节系统接线图

3）系统中冷冻水压差采用 P74JA 型压差控制器 06 测量压差，并用其接点控制电动阀 07EGSVD 的开度，使系统保持稳定。

接线图主要表示控制系统的接线方式，由于设备调试人员对控制系统和测控仪表了解不多而比较陌生，但电气调试人员却容易理解。因此只有双方相互沟通，才能编制出切实可行的试运行调试方案。

第三节 空调电气与自动控制系统通电前的检查测试

电力是整个空调系统的动力来源。主回路是指空调系统各设备电源开关以后的供电系统，主要是风机、水泵和制冷压缩机等设备的电机拖动系统，同时也向电加热器、加湿器和自动控制系统提供电力，在工程中常称为强电系统。空调系统的电气设备主要有各种配电柜（箱）、电动机和电加热器、电加湿器等。电气设备与主回路检查测试是整个空调系统试运行调试中第一项检查测试工作，只有在该工序合格后才能进行后续试运行检测与调试。

一、主回路通电前的检查

1. 配电柜（箱）的检查

（1）电器安装的检查：

1）电器元件质量良好，型号、规格应符合设计要求，外观应完好，且附件齐全，排列整齐，固定牢固，密封良好。

2）各电器应能单独拆装更换而不应影响其他电器及导线束的固定。

3）发热元件宜安装在散热良好的地方；两个发热元件之间的连线应采用耐热导线或裸铜线套瓷管。

4）熔断器的熔体规格、自动开关的整定值应符合设计要求。

5）切换压板应接触良好，相邻压板间应有足够的安全距离，切换时不应碰及相邻的压板，对于一端带电的切换压板，应使在压板断开的情况下，活动端不带电。

6）信号回路的信号灯、光字牌、电钟、电笛、事故电钟等应显示准确，工作可靠。

7）盘上装有装置性设备或其他有接地要求的电器，其外壳应可靠接地。

8）带有照明的封闭式盘、柜应保证照明完好。

（2）端子排安装的检查：

1）端子排应无损坏，固定牢固，绝缘良好。

2）端子应有序号，端子排应便于更换且接线方便，离地高度宜大于 350mm。

3）回路电压超过 400V 者，端子板应有足够的绝缘并涂以红色标志。

4）强、弱电端子宜分开布置；当有困难时，应有明显标志并设空端子隔开或设加强绝缘的隔板。

5）正、负电源之间以及经常带电的正电源与合闸或跳闸回路之间，宜以一个空端子隔开。

6）电流回路应经过试验端子，其他需断开的回路宜经特殊端子或试验端子。试验端子应接触良好。

7）潮湿环境宜采用防潮端子。

8）接线端子应与导线截面匹配，不应使用小端子配大截面导线。

（3）配电柜（箱）的正面及背面各电器、端子牌等应标明编号、名称、用途及操作位置。其标明的字迹应清晰、工整，且不易脱色。

（4）配电柜（箱）上的小母线应采用直径不小于 6mm 的铜棒或铜管，小母线两侧应有标明其代号或名称的绝缘标志牌，字迹应清晰、工整，且不易脱色。

（5）手车或抽屉式开关柜在推入或拉出时应灵活，机械闭锁可靠；照明装置齐全。

2．引入配电柜（箱）内的电缆及其芯线的检查

（1）引入配电柜（箱）的电缆应排列整齐，编号清晰，避免交叉，并应固定牢固，不得使所接的端子排受到机械应力。

（2）铠装电缆在进入配电柜（箱）后，应将钢带切断，切断处的端部应扎紧，并应将钢带接地。

（3）用于静态保护、控制等逻辑回路的控制电缆，应采用屏蔽电缆。其屏蔽层应按设计要求的接地方式予以接地。

（4）橡胶绝缘的芯线应外套绝缘管加以保护。

（5）配电柜（箱）内的电缆芯线，应按垂直或水平有规律的配置，不得任意歪斜交叉连接。备用芯线长度应留有适当余量。

（6）强、弱电回路不应使用同一根电缆，并宜分别成束分开排列。

3．直流回路中具有水银接点的电器，电源正极应接到水银侧接点的一端。

4．在油污环境，应采用耐油的绝缘导线。在日光直射环境，橡胶或塑料绝缘导线应采取防护措施。

5．检查配电柜（箱）内不同电源的馈线间或馈线两侧的相位应一致。

二、二次回路通电前的检查

（1）二次回路的连接件均应采用铜质制品；绝缘件应采用自熄性阻燃材料。

（2）二次回路电气间隙和爬电距离的检查：

1）配电柜（箱）内两导体间，导电体与裸露的不带电的导体间，应符合表3-1的要求。

允许最小电气间隙及爬电距离（mm）　　　　表 3-1

额定电压（V）	电气间隙		爬电距离	
	额定工作电流		额定工作电流	
	≤63A	>63A	≤63A	>63A
≤60	3.0	5.0	3.0	5.0
60<V≤300	5.0	6.0	6.0	8.0
300<V≤500	8.0	10.0	10.0	12.0

2）屏顶上小母线不同相或不同极的裸露载流部分之间，裸露载流部分与未经绝缘的金属体之间，电气间隙不得小于 12mm；爬电距离不得小于 20mm。

（3）二次回路接线的检查：

1）按图施工，接线正确。

2）导线与电气元件间采用螺栓连接、插接、焊接或压接等，均应牢固可靠。

3）配电柜（箱）内的导线不应有接头，导线芯线应无损伤。

4）电缆芯线和所配导线的端部均应标明其回路编号，编号应正确，字迹清晰且不易

脱色。

 5）配线应整齐、清晰、美观，导线绝缘应良好，无损伤。

 6）每个接线端子的每侧接线宜为1根，不得超过2根。对于插接式端子，不同截面的两根导线不得接在同一端子上；对于螺栓连接端子，当接两根导线时，中间应加平垫片。

 7）二次回路接地应设专用螺栓。

（4）配电柜（箱）内的配线电流回路应采用电压不低于500V的铜芯绝缘导线，其截面不应小于2.5mm²；其他回路截面不应小于1.5mm²；对电子元件回路、弱电回路采用锡焊连接时，在满足载流量和电压降及有足够机械强度的情况下，可采用不小于0.5mm²截面的绝缘导线。

（5）用于连接门上的电器、控制台板等可动部位导线的检查：

 1）应采用多股软导线，敷设长度应有适当裕度。

 2）线束应有外套塑料管等加强绝缘层。

 3）与电器连接时，端部应绞紧，并应加终端附件或搪锡，不得松散、断股。

 4）在可动部位两端应用卡子固定。

三、绝缘及接地电阻的测试

（1）绝缘电阻的测量应在下列部位进行，对额定工作电压不同的电路，应分别进行测量。

 1）低压电器主触头在断开位置时，同极的进线端及出线端之间。

 2）低压电器主触头在闭合位置时，不同极的带电部件之间、触头与线圈之间以及主电路与同它不直接连接的控制和辅助电路（包括线圈）之间。

 3）主电路、控制电路、辅助电路等带电部件与金属支架之间。

（2）测量绝缘电阻所用的电压等级及所测量的绝缘电阻值，应符合现行国家标准《电气装置安装工程电气设备交接试验标准》的有关规定。

 1）测量绝缘电阻一般采用500V兆欧表。

 2）配电装置及馈电线路的绝缘电阻值不应小于0.5MΩ，测量馈电线路绝缘电阻时，应将断路器、用电设备、电器和仪表等断开。

 3）二次回路的小母线在断开所有其他并联支路时，不应小于10 MΩ。二次回路的每一支路和断路器、隔离开关的操动机构的电源回路等，均不应小于1 MΩ。在比较潮湿的地方，可不小于0.5MΩ。

（3）二次回路接线在测试绝缘时，应有防止弱电设备损坏的安全技术措施，如将强弱电回路分开，电容器短接，插件拔下等。测试完绝缘后应逐个进行恢复，不得遗漏。

（4）采用接地电阻测试仪（俗称接地电阻摇表）测量接地电阻，接地电阻值应符合设计规定。一般重复接地电阻要求小于等于4Ω。

第四节 空调电气与自动控制系统通电检查与调试

一、技术准备

空调自动控制与调节系统的安装、检测与调试应由有实际经验的电气调试人员负责。

由于目前空调自动控制与调节系统类型很多，检查之前，参与调试的人员要仔细阅读控制系统原理图、电气接线图以及相关资料，理解控制系统的类型和对空调系统的控制过程，并着重了解以下内容：

（1）空调系统的服务范围与服务对象。各个空调房间的受控参数及调节要求，如空调房间的温湿度基数与允许波动范围，房间内外压差等。

（2）空调系统的工况分区。不同工况下投入运行的设备和空气调节过程。各执行调节机构的工作状态与动作要求，如阀门的全开、全关或连续调节、联动调节等。

（3）具有自动保护、自动连锁要求的设备，连锁与保护的目的与程序。如加热器与风机的连锁保护，新、回风门与风机的连锁保护等。

（4）测控仪表及设备类型、型号及技术指标，各传感器、控制器、执行器之间的输入、输出量性质，现场控制器与中央控制室之间的信号传输与监控。

二、系统检查、单体校检与模拟试验

1. 系统检查

空调自动控制与调节系统检查主要有以下内容：

（1）依照安装施工图，核对各传感器（敏感元件与变送器）、控制器、执行器（执行与调节机构）等现场硬件的类型、型号和安装位置。

（2）依照接线图，仔细检查各传感器、控制器、执行器接线端子上的接线是否正确。安装时最好将信号传输与接线端子属性写在硬纸片上，并粘贴在接线两端，以方便检查。

（3）检查各接线端子一定要紧固，避免接收信号失真。

系统检查应由设备调试人员和电气调试人员配合进行，切忌粗心大意。例如有的工程，管工将冷冻水管上斜向安装的温度传感器套管装反，电气调试人员检查也未发现，结果增加了冷量调试的困难。

2. 单体校检

依照控制设计与产品说明书的要求，对传感器、控制器、执行器以及其他控制仪表进行现场校检。主要是仪表及设备的外部质量检查，诸如零点、工作点、满刻度、精度等一般性能校检和动作试验调整。

（1）敏感元件的外观检查与校检：

1）检查所有敏感元件的型号、精度、分度号与所配的二次仪表是否相符。

2）检查外保护套、罩，接线端子与骨架是否完好。

3）检查热电阻丝不应有错乱、短路和断路现象。对接点水银温度计，检查表面是否平滑，有无划伤，分度值是否与设计文件符合，水银柱不能有断柱和气泡等。

4）需进行温度比较的供、回水温度测点传感器，应选用量程范围的上、下限误差方向相同的传感器，如果是热电阻，在量程范围上、下限的阻值应尽量接近。

热电阻校检可按下面方法进行：

校检时准备标准玻璃温度计一只（或标准铂热电阻温度计一套），恒温器一套（−50～+200℃），标准电阻（10或100Ω）、电位差计、分压器和切换开关各一个。接线如图3-6。

校检方法是：将热电阻放在恒温器内，使之达到校验点温度并保持恒温，然后调节分压器使毫安表指示值约为4mA（电流不可过大，以免影响测量准确度），将切换开关切向

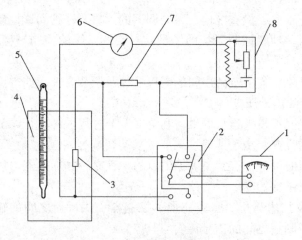

图 3-6 热电阻校检接线图
1—电位差计；2—切换开关；3—被校检热电阻；4—恒温箱；
5—标准温度计；6—毫安表；7—标准电阻；8—分压器

接标准电阻 R_B 的一边，读出电位差计示值 U_B；然后立即将切换开关切向被校检热电阻 R_C 一边，读出电位差计示值 U_C。按公式 $R_C = \dfrac{U_C}{U_B} R_B$ 可求出 R_C。在同一校检点需反复测量几次，取其平均值与分度表比较，如误差在允许误差的范围内，则认为该校检点的 R_C 值合格，并记录误差方向。再取被测温度范围内 10%、50% 和 90% 的温度作为校检点，重复以上校检过程，如均合格，则此热电阻校检完毕。

热电阻还可利用冰点槽和水沸腾器校检 0℃ 与 100℃ 时的电阻值，如 R_0 和 $\dfrac{R_{100}}{R_0}$ 两个参数的误差在允许误差的范围内，即为合格。

(2) 二次仪表模拟试验：

模拟调试是对控制器输入假信号检查输出信号的正确性。调试时一般要求断开执行器，当执行机构为继电器时，可断开调节机构。首先接通控制系统电源降压变压器进线端，断开输出端，通电后在输出端检查电压应符合设计要求。然后接通控制系统电源降压变压器输出端，断开执行器，在控制器输入端输入假信号（例如用标准电阻箱产生模拟假信号，对于开关量可以直接连通和断开输入端），用仪表在输出端检测输出信号应符合要求。在测试信号时，为避免仪器仪表（电压信号 0～10V，电流信号 0～20mA 或 4～20mA）受强电磁场的干扰，应将信号线除采用屏蔽较好的电缆外，还应尽量远离动力电缆、变频负荷电缆等强高频电磁干扰的电缆。

1) 控制器试验：晶体管位式控制器试验，如感温元件为接点水银温度计，应试验输入端的两个接点在接通和断开时灵敏继电器的动作是否正确。以热电阻作为感温元件的，则应以标准电阻箱代替热电阻，在改变电阻箱电阻值后，根据调节过程（P、PI、PID）和控制要求，观察各灵敏继电器的动作情况（吸合或释放），找准灵敏继电器的触头（常开或常闭），严禁控制失误。对于连续输出控制器，应检测输出信号是否符合仪表规定。对设有手—自动转换开关的控制器，应检查手动输出信号。

用于冷冻水系统旁通装置的压差控制器和风系统的微压差控制器，安装前应进行设定值的调试。冷冻水系统的压差控制器用水试验，在压差控制器的两端口均安装临时接管、手动试压泵、压力表和阀门。在压差控制器的高、低压端按设计工况压力分别施加压力 P_A 和 P_B，使 $\Delta P = P_A - P_B$ 等于设定值，用万用表检测触点通断情况。然后增大或减小 P_B，再检测触点通断变换情况，触点通断变换应与水量调节要求一致。若不一致，应调节弹簧压力使其一致。

对风系统的微压差控制器应向高、低压端引入等于设定值的静压差，静压差先用毕托管和微压计检测，然后对微压差控制器检测调节。

2) 对动圈式仪表试验调整应做到以下几点：
①检查仪表分度号与热电阻分度号是否相符。
②检查仪表附件是否齐全（安装螺钉、安装板，外接电阻等）。
③动圈仪表在运输过程中为了防止仪表内动圈的摆动，用导线将动圈短接。在正常使用时应将短接线拆掉。
④按说明书要求接好热电阻，并用电桥调整外接电阻到 5Ω。
⑤给仪表通电，用标准电阻箱代替热电阻，当改变电阻值时，观察仪表工作是否正常。
⑥将标准电阻箱调整到热电阻在 0℃时的电阻值，调整仪表的零点。
⑦将给定温度指针调整到要求的数值上。

(3) 执行机构与调节机构试验：

1) 电动执行机构及电动调节阀门检查。
①用 500V 兆欧表测量线圈与外壳间的绝缘电阻，应不低于 $0.5M\Omega$。
②接通电源，执行机构正向和反向移动时用秒表测出通过全行程的时间（补偿速度）。
③检查执行机构在上、下限位置（由终端开关控制）时，调节阀门是否在相应的极限位置上，如不合适，用手拨动调节阀传动齿轮，使阀杆上升或下降，直到不能转动为止，以确定阀门已到极限状态。以此来调整相应的终端开关位置。

2) 电加热器的检查。
①用 500V 兆欧表测电阻丝与外壳间的绝缘电阻值，应不低于 $0.5M\Omega$。
②将电加热器加上额定电压，用功率表或用伏安表测量电加热器的功率应符合规定。
③电加热器应与风机联动运行，风机不启动不得给电加热器通电。

3) 其他元件的试验。
①电子继电器应检查线路是否正确。电子继电器接上电源，用导线将接往接点水银温度计的两个端反复短路和开路，观察继电器动作是否正常。
②脉冲通断仪外观检查应无机械损伤，接点接触应良好。根据设计要求，整定好通断时间。

三、联动调试

空调自动控制系统联动调试是对控制系统输入假信号或手动，检查系统各元件动作的正确性。另外要检查系统中各连锁控制是否符合要求。联动调试必须征得甲方和建筑电气施工单位的同意。下面简单介绍联动调试的基本内容：

(1) 熟悉各个自控环节（如温度控制、相对湿度控制、静压控制等）的自控方案和控制特点；全面了解设计意图及其具体内容，对各个控制回路的组成原理要认真学习；对测量元件和调节阀的规格、安装位置和接触介质的性质及有关管线的布局和走向都要心中有数，熟练掌握紧急情况下的故障处理方法。

(2) 综合检查：检查控制器及传感器（变送器）的精度，灵敏度和量程的校检和模拟试验记录；检查反/正作用方式的设定是否正确；全面检查系统，在前面检查调试中拆去的仪表，断开的线路应恢复；电源电路应无短路、断路、漏电等现象。

(3) 自动连锁保护系统是自控系统的重要部分，对整个空调系统起着安全保护的重要作用，不可等闲视之。投入运行前应仔细检查其功能，确保万无一失。自动连锁保护系统的检查包括硬件和软件检查两个环节。

1) 硬件是指自动连锁保护系统的所有仪表、连线及执行设备。要确保硬件安全可靠，做到软件发出指令，硬件就能完成相应的动作。

2) 软件是指自动连锁保护系统的逻辑，有些是用继电器实现的，有些是用编程语言实现的。不管何种形式，其目的都是在一定的条件下发出某种指令，通过硬件实现其逻辑功能。

(4) 联动调试。

1) 将控制器手动—自动开关置于手动位置上，给仪表供电，被测信号接到输入端，开始工作。

2) 用手动操作，以手动旋钮检查执行机构与调节机构的工作状况，应符合设计要求。

3) 断开电动执行器中执行机构与调节机构的联系，使系统处于开环状态，将开关无扰动地切换到自动位置上。改变给定值或加入一些扰动信号，如用标准电阻箱代替热电阻模拟冷热偏差，执行机构动作若与设计相反，则应改变电动机接线，同时也改变终端开关。对接点水银温度计组成的调节系统，可直接接通或断开接点进行联动试验。

4) 人为施加信号，检查自动连锁保护和自动报警系统的动作情况。顺序连锁保护应可靠，人为逆向不能启动系统设备；模拟信号超过设定上、下限时自动报警系统发出报警信号，模拟信号回到正常范围时应解除报警。

在联动调试中若需启动设备，要有设备人员配合，防止出现事故和损坏设备。系统各环节工作正常，则恢复执行机构和调节机构的联系，联动试验结束。下一步进入系统运行对控制器参数整定的阶段，此过程在空调系统无负荷联动试运行中进行。

思 考 题 与 习 题

1. 空调自动控制与调节的任务是什么？基本内容有哪些？
2. 工程中常说的一次仪表和二次仪表，在控制系统中分别指什么元件？
3. 简述一次回风定"露点"控制的控制过程。
4. 简述风机盘管的自动控制系统的控制过程。
5. 简述冷水机组及水系统的冷冻、冷却水循环过程；冷却水温度调节自动控制的工艺流程、仪表及自动装置的设置。
6. 配电柜（箱）的检查包括哪些方面？各有哪些具体内容？
7. 引入配电柜（箱）内的电缆及其芯线的检查包括哪些方面？
8. 二次回路通电前的检查包括哪些方面？
9. 绝缘及接地电阻的测试一般有哪些要求？
10. 空调电气与自动控制系统通电检查调试前的技术准备包括哪些内容？
11. 空调电气与自动控制系统通电调试前的检查包括哪些内容？
12. 空调自动控制系统执行机构与调节机构的单体试验包括哪些项目及内容？
13. 单体校检、模拟调试、联动调试有什么区别？

第四章 空调水系统及制冷系统试运行与调试

冷源是空调系统的重要组成部分，并对空调系统的正常运行具有重要意义。空调安装工程中，制冷系统作为一个子分部工程，在安装工作完毕之后，必须进行试运行与调试使其正常工作，这对整个空调系统试运行与调试是极其重要的。制冷系统试运行之前，又必须先进行冷却水和冷冻水系统试运行与调试。本章主要介绍空调水系统及制冷系统试运行与调试的程序和方法。对系统在试运行调试和日常运行中可能出现的各种问题及分析与解决方法，将统一在第六章第三节中以列表形式说明。

第一节 冷却水系统与冷冻水系统试运行与调试

冷却水系统与冷冻水系统的调试可分为施工过程中的初调节和运行过程中的运行调节两种。本节主要讲解试运行过程中的初调节。

一、冷却水与冷冻水系统的试运行调试准备工作

(1) 熟悉空调水系统施工图纸，理解设计者的设计意图，熟悉冷却水及冷冻水系统的形式、设备和工作程序及运行参数。

(2) 冷却水及冷冻水系统应试压和清洗完毕，检查清洗记录并通过验收。

(3) 试运行调试前，应对冷却水及冷冻水系统进行全面检查。试压和清洗时拆下的阀门和仪表应已复位，临时管道已拆除。设备、管道、阀门及仪表完整，固定可靠。系统具备试运行条件。

(4) 根据编制的试运行调试方案对冷却水及冷冻水系统的调试要求，对操作人员进行技术交底。

(5) 做好仪器、工具、设备、材料的准备工作。试运行调试所需要的工具、设备应进行检修，仪器在使用前必须经过校正。

二、水泵的试运行及调试

1. 水泵试运行的准备工作

(1) 检查水泵各紧固连接部位不得松动。用手盘动叶轮应轻便灵活，不得有卡塞、摩擦和偏重现象。

(2) 轴承处应加注标号和数量均符合设备技术文件规定的润滑油脂。

(3) 检查水泵及管路系统上阀门的启闭状态，使系统形成回路。水泵运转前，开启入口处的阀门，关闭出口阀，待水泵启动后再将出口阀打开。

2. 水泵的试运行及调试

(1) 水泵不得在无水情况下试运行，启动前排出水泵与吸入管内的空气。

(2) 点动水泵，检查叶轮与泵壳有无摩擦声和其他不正常现象（如大幅度振动等），并观察水泵的旋转方向是否正确。

(3) 水泵启动时,应使用钳形电流表测量电动机的启动电流,待水泵正常运转后,再测量电动机的运转电流,保证电动机的运转功率或电流不超过额定值。

(4) 在水泵运行过程中可用金属棒或长柄螺丝刀,仔细监听轴承内有无杂音,以判断轴承的运转状态。

(5) 水泵连续运转两小时后,滚动轴承运转时的温度不应高于75℃,滑动轴承运转时的温度不应高于70℃。

(6) 水泵运转时,其填料的温升也应正常,在无特殊情况下,普通软填料允许有少量的泄漏,即不应大于60mL/h(大约每分钟10~20滴),机械密封的泄漏不应大于5mL/h(大约每分钟1~2滴)。

水泵运转时的径向振动应符合设备技术文件的规定,如无规定,可参照表4-1所列的数据。对转速在750~1500 r/min范围的水泵,当满足表4-1中的条件时,运转时手摸泵体应感到很平稳。

泵的径向振幅(双向值)　　　　　　　　　表 4-1

转速 (r/min)	≤375	375~600	600~750	750~1000	1000~1500	1500~3000	3000~6000	6000~12000	>12000
振幅值 (mm)	<0.18	<0.15	<0.12	<0.10	<0.08	<0.06	<0.04	<0.03	<0.02

水泵运转经检查一切正常后,再进行两小时以上的连续运转,运转中如未再发现问题,水泵单机试运转即为合格。水泵运转结束后,应将水泵出、入口阀门和附属管系统的阀门关闭,将泵内积存的水排净,防止锈蚀或冻裂。试运行后应检查所有紧固连接部位,不应有松动。

三、冷却塔的试运行及调试

1. 冷却塔试运行的准备工作

(1) 清扫冷却塔内的夹杂物和尘垢,防止冷却水管或冷凝器堵塞。

(2) 冷却塔和冷却水管路供水时先冲洗排污,直到系统无污水流出。系统观察应无漏水现象。

(3) 检查自动补水阀的动作状态是否灵活准确。

(4) 对横流式冷却塔配水池的水位,以及逆流式冷却塔旋转布水器的转速等,应调整到进水量适当,使喷水量和吸水量达到平衡的状态。

(5) 检测风机的电机绝缘情况及风机的旋转方向。

2. 冷却塔的试运行及调试

冷却塔试运行检测在冷却水系统试运行前期进行,记录运转情况及有关数据。如无异常现象,连续运转时间不应少于两小时。

(1) 检查喷水量和吸水量是否平衡,并观察补给水和集水池的水位等运行状况。

(2) 测定风机的电动机启动电流和运转电流值,应不超过额定值。

(3) 运行时,冷却塔本体应稳固无异常振动,若有振动,查出使冷却塔产生振动的原因。主要原因可能来自风机及传动系统,或塔体本身刚度不够。

(4) 用声级计测量冷却塔的噪声,其噪声应符合设备技术文件的规定。

(5)测量轴承的温度,应符合设备技术文件的要求和验收规范对风机试运行的规定。

冷却塔在试运行过程中,管道内残留的以及随空气带入的泥沙尘土会沉积到集水池底部,因此试运行工作结束后,应清洗集水池,并清洗水过滤器。冷却塔试运行后如长期不使用,应将循环管路及集水池中的水全部放出,防止形成污垢和设备被冻坏。

四、水系统的调试

1. 冷却水系统的调试

冷却水系统的调试在冷却水系统试运行后期进行。在系统工作正常的情况下,用压力表测定水泵的压力,用钳形电流表测定水泵电机的运转电流,要求压力和电流不应出现大幅波动。用流量计对管路的流量进行调整,系统调整平衡后,冷却水流量应符合设计要求,允许偏差为20%,冷却水总流量测试结果与设计流量的偏差不应大于10%。多台冷却塔并联运行时,各冷却塔的进、出水量应达到均衡一致。

布水器喷嘴前的压力应调整到设计值,压力不足会使水颗粒过大,影响降温效果;压力过大会产生雾化,增加水量消耗。

2. 冷冻水系统的调试

启动冷冻水泵,对管路进行清洗,由于冷冻水系统的管路长而且复杂,系统内的清洁度又要求较高,因此,在清洗时要求严格、认真,必须反复多次,直到水质洁净为止。水质满足要求后,开启冷水机组蒸发器、空调机组、风机盘管的进水阀,关闭旁通阀,进行冷冻水管路的充水工作。在充水时,要注意在系统的各个最高点的自动排气阀处进行排气。充水完成后,启动冷冻水泵,使系统运行正常。用压力表测定水泵的压力,用钳形电流表测定水泵电机的电流,均应正常。用流量计对管路的流量进行调整,系统平衡调整后,各空调机组的冷冻水水流量应符合设计要求,允许偏差为20%,冷冻水总流量测试结果与设计流量的偏差不应大于10%。

空调水系统可能会因水力失调而使某些用水装置流量过剩,另一些用水装置则流量不足。因此,必须采用相应的调节阀门对系统流量进行合理调节分配。空调水系统调节的实质就是将系统中所有用水装置的测量流量同时调到设计流量。空调水系统的调节分为初调节和运行调节,这里只介绍初调节的基本方法。

为了便于水系统的调节和提高调节精度,在一些国外设计公司设计的工程项目中,均大量选用平衡阀来对系统的流量进行分配和调节。

(1)平衡阀。平衡阀通过旋转手轮来控制流经阀门的流量,阀体上设置有开启度指示、开度锁定装置及用于流量测定的测压小阀,如图 4-1 所示。平衡阀具有良好的调节特性,通过专用的流量测量仪表可以在现场对流过平衡阀的流量进行实测,为现场调节提供了很大方便。

(2)空调水系统初调节方法。

设一空调水系统如图 4-2 所示,该系统水力平衡初调节的具体步骤如下:

1)绘制空调水系统的系统图,对管道和用水装置的平衡阀进行编号,根据编号准备调节用的记录表格;

图 4-1 平衡阀

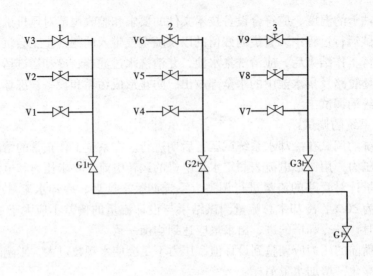

图 4-2 空调水系统调节示意图

2) 准备调节用的专用压差流量计,并对专用压差流量计进行校正;

3) 将系统中干管阀门 G 置于 2/3 开度,平衡阀全部调至全开位置;

4) 测量平衡阀 V1~V9 的实际流量 L_c,并计算出各阀 L_c 与设计流量 L_s 的流量比 $q = L_c/L_s$;

5) 对每一个分支管内用水装置平衡阀的流量比进行分析,例如,对平衡阀 V1~V3 的流量比进行分析,假设 $q_1 < q_2 < q_3$,则取平衡阀 V1 为基准阀,先调节 V2,使 $q_1 \approx q_2$,再调节 V3,使 $q_1 \approx q_3$,则 $q_1 \approx q_2 \approx q_3$;

6) 按步骤 5 对其他分支管分别进行调节,从而使每根分支管上各平衡阀的流量比均相等;

7) 测量各分支管路平衡阀 G1~G3 的实际流量,并计算出流量比 $Q_1~Q_3$;

8) 对 $Q_1~Q_3$ 进行分析,假设 $Q_1 < Q_2 < Q_3$,将平衡阀 G_1 设为基准阀,对 G_2、G_3 依次进行调节,直到调至 $Q_1 \approx Q_2 \approx Q_3$,即各分支管路平衡阀的流量比均相等;

9) 调节该系统主阀 G,使 G 的实际流量达到设计流量。

这时,系统中所有平衡阀的实际流量均达到设计流量,系统实现水力平衡。但是,由于并联系统每个分支的管道流程和阀门弯头等配件有差异,造成各并联平衡阀两端的压差不相等。因此,在进行后一个平衡阀的调节时,将会影响到前面已经调节过的平衡阀而产生误差。当这种误差超过工程允许范围时,则需进行再一轮的测量与调节,直到误差减到允许范围内为止。

对采用三通阀的定流量或采用双位控制调节阀的变流量风机盘管系统,初调节时全部三通阀处于直通状态或全部调节阀处于开启状态。如果对变流量风机盘管系统作模拟运行调节,应将风机盘管分组,分别关闭不同组,在部分冷水机组停机后,对开启的风机盘管进行水流量测定。但如果系统设计存在问题,或水系统压差控制器设定值不合理,模拟运行调节就难以达到预期效果。

第二节　活塞式制冷压缩机试运行与调试

为了保证制冷系统的正常运行，制冷系统的机器和设备安装结束、整个系统管道焊接完毕后，应按设计要求和管道安装试验技术条件的规定，对制冷系统进行吹污、气密性试验、真空试验和充注制冷剂检漏试验，并为制冷系统的试运行做好各项准备工作。

一、制冷系统吹污

制冷系统在气密性试验之前，应对系统进行除污。因为制冷系统应是一个洁净、干燥、严密的封闭系统，而在系统安装过程中，系统内部必然会残留一些焊渣、钢屑、铁锈、氧化皮等污物。这些污物残留在系统内部会造成一系列不良后果，如造成膨胀阀、毛细管及过滤器的堵塞。一旦这些污物被压缩机吸入到气缸内，则会造成气缸或活塞表面的划痕、拉毛等事故。因此，在系统正式运行以前，必须进行吹污工作，彻底洁净系统，以保证制冷系统的安全运行。

除污工作可用空气压缩机、氮气瓶或制冷压缩机本身来完成。吹污压力应为 0.5~0.6MPa。对氟利昂制冷系统以用氮气吹污为宜。

吹污工作应按设备（可采用设备底部的阀门作为排污口）、管道分段或分系统进行，吹污段不得有死角。排污口宜选在各吹污段的最低点，以便使污物顺利排出，排污口不能指向工作区。吹污时除排污口外，要将吹污段所有与大气相通的阀门关紧，其余阀门应全部开启。具体要求如下：

（1）使用干燥的压缩空气或氮气进行吹污。首先将吹污段的排污口用木塞堵上，常用铁丝将木塞拴牢，以防系统加压时木塞飞出伤人。然后给需吹污的一段系统用干燥的压缩空气或氮气加压，当压力升至 0.6MPa 以后，停止加压。加压过程中可用榔头轻轻敲打吹污管，使附着在管壁上的污物与壁面脱离，然后迅速打开排污口，高速的气流就会将积在管子、法兰、接头或转弯处的污物（如焊渣、铁锈、钢屑等）带出。这样反复进行多次，直至系统洁净为止。检查方法是用一块干净的白布（或白纸）贴在一块木板上，放在距排污口约 200mm 处，5min 内白布上无明显污点即为合格。操作过程中要注意安全，不可靠近正对木塞处，也不要面对排污口。

（2）用制冷压缩机吹污。吹污工作应尽可能使用空气压缩机或氮气，如条件不允许，也可使用制冷压缩机，但要指定一台专用压缩机。首先将压缩机的吸气过滤器的法兰拆掉，用滤布包好扎紧（防止灰尘及杂质被吸入），关闭吸气阀，打开排气阀，启动制冷压缩机，使空气通过滤布过滤后吸入压缩机并压送至吹污段，当压力达到 0.5~0.6MPa 时，与上述方法相同，打开木塞吹污，经多次反复，至系统干净为止。升压时应随时注意压缩机的排气温度，如超过 120℃ 则应停机，否则会导致润滑油黏度下降，影响机器的润滑，造成压缩机运动部件的损坏。

吹污结束后，应将系统上的阀门进行清洗，然后再重新装配。吹污时系统上的安全阀应取下，孔口用盲板或堵塞封闭。

二、制冷系统的气密性试验

制冷系统中的制冷剂具有很强的渗透性，如系统有不严密处就会造成制冷剂的泄漏，一方面会影响制冷系统的正常工作；另一方面，有些制冷剂对人体有一定的毒害，并且污染大气。所以在系统吹污工作结束后,应对系统进行气密性试验。目的在于检查系统安装质量,检验系统在压力状态下的密封性能是否良好。气密性试验包括压力试漏、真空试漏和制冷剂试漏。

1. 压力试漏

制冷系统的试验压力应按照设备技术文件的规定执行,无规定时可参照表4-2。试验时间为24h,前6h由于系统内的气体温度下降允许压力有所下降,允许压降可用公式(4-1)计算:

$$\Delta P = (P_1 + B_1) - \frac{273 + t_1}{273 + t_2}(P_2 + B_2) \tag{4-1}$$

式中　　ΔP——机组的压力降,kPa;

P_1、B_1——保压开始时机组内气体的压力和当地大气压力,kPa;

P_2、B_2——保压结束时机组内气体的压力和当地大气压力,kPa;

t_1、t_2——保压开始、结束时机组内气体的温度,℃。

制冷系统气密性试验压力　　表4-2

制冷工质	系统试验高压压力（MPa）	系统试验低压压力（MPa）
R717	2.0	1.8
R12	1.6（高冷凝压力） 1.2（低冷凝压力）	1.2
R22	2.5（高冷凝压力） 2.0（低冷凝压力）	1.8

根据 ΔP 与系统压力表读数比较,可知压降是因温度下降所引起还是因漏气所引起的。一般 $\Delta P = 0.02 \sim 0.03$ MPa。后18h内,如因室内温度变化而引起的压降仍可用式(4-1)计算。若试验终了的压力差大于式(4-1)所计算的压力,说明系统不严密,应进行全面检查,找出漏点加以修补,然后重新试压,直到合格为止。

氟利昂制冷系统试压多采用氮气,因氟利昂系统对含水量要求很严,氮气具有无腐蚀、无水分、不燃烧、操作方便等优点。亦可用干燥的压缩空气进行(即在压缩机空气出口处装一只大型的干燥器,尽量减少空气中的含水量)。具体操作步骤如下:

(1) 氮气试漏:

1) 由于氮气瓶压力很高,可达15MPa,所以氮气瓶上应接减压阀后再与充气孔相连。

2) 将所有与大气相通的阀关闭。由于压缩机出厂前做过气密性试验,所以可将其吸、排气截止阀关闭。若需复试,可按低压系统的试验压力进行。油分离器的回油阀关闭,打开其余阀门。

3) 打开氮气瓶阀门,将氮气充入系统。为节省氮气,可将压力先升至 0.3~0.5MPa 进行检查。如无大的泄漏继续升压。待系统压力达到低压段的试验压力时,如无泄漏则关闭节流阀前的截止阀,继续对高压段加压直至试验压力。关闭氮气瓶阀门,对整个系统进行检漏。

(2) 用制冷压缩机试漏:

1）将压缩机的吸气过滤器法兰拆除，并用滤布包好，防止灰尘及杂质进入机器。

2）将试验系统的最末端阀门与大气相通，机器开动后待阀门有气体压出时关闭，这样可确认系统是畅通的。

3）启动压缩机，逐渐加压，注意压缩机的排气温度不得超过125℃，进排气压差不得超过1.4MPa，否则应停机，待温度下降后再进行。

制冷系统进行气密性试验时，任何系统都严禁使用氧气等可燃性气体进行试压。试压时应将有关设备的控制阀关闭，以免损坏。若有泄漏点需进行补焊时，须将系统泄压，并与大气相通，决不可带压焊接，补焊次数不得超过两次，否则应将该处管段换掉重新焊接。

检漏工作必须认真、仔细，可用肥皂水进行，且肥皂水不宜过稀。将渗漏点做好标记，待全部检查完毕之后进行补漏。

2．真空试漏

真空试漏的目的是检验系统在真空条件下有无渗漏，同时排除系统内残留的空气和水分，并为系统充注制冷剂做好准备。真空试漏是在系统吹污、压力试漏合格的前提下进行的。系统抽真空时，所有不能在真空状态下工作的仪表均应与系统断开或拆除。真空试漏要求制冷系统内的绝对压力达到2.7~4kPa（20~30mmHg以下），保持24h无变化即为合格。对小型系统可用真空泵进行，对于大型制冷系统，可用系统压缩机自身抽真空，也可用压缩机把系统的大量空气抽走，然后用真空泵把剩余的气体抽净。具体方法如下：

（1）用真空泵抽真空：

1）将真空泵吸入口与系统抽气口接好，抽气口可以是压缩机排气口的多用通道或排空阀，也可以是制冷剂注入阀。

2）关闭系统中与大气相通的阀门，打开其他阀门。

3）启动真空泵抽真空，当真空度超过97.3kPa（730mmHg）时，关闭抽气口处阀门，停止真空泵工作，检查系统是否泄漏。检查方法是把点燃的香烟放在各焊口及法兰接头处，如发现烟气被吸入，即说明该处有漏点。

（2）用制冷压缩机抽真空：

1）关闭所有与大气相通的阀门，开启其余阀门。

2）关闭压缩机的排气阀，开启压缩机的吸气阀与排空阀。

3）将冷凝器中的冷却水放尽，以利于系统内的水分蒸发。

4）启动压缩机抽真空。注意压缩机的吸气阀不要开启过大，否则排气不及时，有打坏阀片的可能。抽真空应分几次间断进行，因为抽吸过快，系统内的水分和空气不易被抽尽。待系统内的真空度达到97.3kPa（730mmHg）以上时停机，关闭排空阀，进行真空度检漏。

用制冷压缩机抽真空时应注意油压的大小。随着系统真空度的提高会使油泵的工作条件恶化，导致机器运动部件的损坏，所以油压（指压差）不得小于27kPa，否则应停车。

3．制冷剂试漏

在压力试漏和真空试漏合格后，应对系统进行充注制冷剂的试漏。目的是为了进一步检查系统的严密性，同时为系统的正常运转做准备。

氟利昂制冷系统要进行充氟检漏。充氟检漏时，可在系统内充入少量氟利昂气体，使系统内压力达到 0.2~0.3MPa，然后开始检漏。为了避免系统内含水量过高，要求氟液的含水量按重量计不应超过 0.025%，而且氟必须经过干燥器干燥后才能进入系统。常用的干燥剂有硅胶、分子筛和无水氯化钙。如用无水氯化钙时，使用时间不应超过 24h，以免其溶解后带入系统。向系统充注氟利昂时，可利用系统真空度，使氟液进入系统。氟利昂检漏可使用卤素检漏仪进行。

三、活塞式制冷压缩机的试运转

制冷压缩机试运转的目的是检验压缩机的装配质量，并使机器的各运动部件进行初步的磨合，以保证机器正常运行时的良好机械状态。制冷压缩机是制冷系统的心脏，它的正常运转是整个制冷系统正常运行的重要保证。每台制冷压缩机在制造厂出厂前虽然均已按国家有关标准的规定进行了出厂试运转。但是由于运输、存放等原因，对于安装完毕的压缩机，在投入正常运转之前，仍先要进行试运转，以便为整个系统的试运行创造条件。一般情况下，试运转分三步进行，即无负荷试车、空气负荷试车和制冷剂负荷试车。试车之前，对压缩机应进行清洗和检查，合格后方可进行。试车应做好记录，整理存档。

1. 无负荷试车

无负荷试车亦称不带阀无负荷试车。也就是指试车时不装吸、排气阀和气缸盖。该项试车的目的是检查除吸、排气阀外的制冷压缩机的各运动部件装配质量，如活塞环与气缸套、连杆大头轴承与曲轴、连杆小头轴承与活塞销等的装配间隙是否合理。检查各运动部件的润滑情况是否正常。

试车前，电气系统、自动控制及保护系统、电机空载试运转等应检查和试验完毕，冷却水管路应正常投入使用，曲轴箱内已加入规定数量的润滑油。试车步骤为：

（1）将气缸盖拆下，取下缓冲弹簧及排气阀座，在气缸壁均匀涂上清洁润滑油。

（2）手动试车无异常现象后，点动通电，观察电机旋转方向是否正确，如不正确进行调整。

（3）启动压缩机进行试运转，试运转应间歇进行，间歇时间为 5、15、30（min）。间歇运转中调节油压，检查各摩擦部件温升，观察气缸润滑情况及轴封的密封状况，并进行相应的调整处理。一切正常后连续运转 2h 以上，以进一步磨合运动部件。

无负荷试车时操作人员要注意安全，启动机器前应仔细检查各零部件是否安装好。为防止缸套松脱飞出伤人，可用自制的卡具压住气缸套。卡具压缸套时，应注意不要碰坏缸套上吸气阀密封线，也不要妨碍卸载装置顶杆的升降。试车过程中如有异常声音或油压差过低，应立即停车，检查原因，排除故障后再重新启动。

2. 空气负荷试车

空气负荷试车亦称带阀有负荷试车。该项试车应装好吸、排气阀和缸盖等部件。空气负荷试车的目的是进一步检查压缩机在带负荷时各运动部件的装配正确性，以及各运动部件的润滑情况及温升。

该项试车是在无负荷试车合格后进行的。试车前应对制冷压缩机作进一步的检查并做好必要的准备工作。操作步骤如下：

（1）将吸气过滤器的法兰拆下，用浸油的洁净纱布包好吸气口并扎牢，对进入机器的空气加以过滤。

（2）检查曲轴箱油位应达到规定位置。

(3) 打开气缸冷却水阀门。

(4) 选定一个通向大气的阀门,调节其开度以控制系统压力。

(5) 启动制冷压缩机,调节选定的阀门,使系统压力保持在 0.35MPa 下连续运转 4h;运转时严格控制排气温度。制冷剂为氟利昂 R22 的制冷压缩机,排气温度不得超过 135℃;制冷剂为氟利昂 R12 的制冷压缩机,排气温度不得超过 120℃。运转过程中,油压应较吸气压力高 0.15~0.3MPa,油温不应超过 70℃,气缸套冷却水进口温度不高于 35℃,出口温度不应超过 45℃。同时,应对下述各项内容进行检查并达到要求:

1) 运转声音正常,不得有其他杂音;

2) 各运动部件的温升符合设备技术文件的规定;

3) 各连接部位、轴封、气缸盖、填料和阀件无漏水、漏气和漏油现象。

空气负荷试车合格后,应拆洗制冷压缩机的吸、排气阀、气缸、活塞、油过滤器等部件,更换曲轴箱内的润滑油。

以上两个试车过程应在系统试漏前完成。可以利用空气负荷试车进行吹污和试压。

3. 冷剂负荷试车

冷剂负荷试车是在无负荷试车和空气负荷试车合格,并向系统充注制冷剂后进行的,冷剂负荷试车的目的是检查压缩机和整个系统在正常运转条件下的工作性能,是整个制冷系统交付验收使用前对系统设计和安装质量的最后一道检验程序。压缩机启动前应检查以下内容:

(1) 压缩机的排气截止阀是否开启,除与大气相通的阀门外,系统中其余的各个阀门是否处于开启状态。

(2) 打开冷凝器的冷却水阀门,启动水泵。若为风冷式冷凝器,则应开启风机,并检查水泵及风机工作是否正常。

(3) 检查压缩机曲轴箱油面是否处在正常位置,一般应保持在油面指示器的中心线上,若有两块示油镜,应在两块示油镜中心线以内。

(4) 如果前阶段试车后又检修过电气与控制线路,还应再检测电气与控制线路是否正常。并对制冷压缩机进行点动,观察压缩机旋转方向是否正确。

(5) 蒸发器若为冷却液体载冷剂时,则应启动载冷剂系统。

经上述检查,认为没有问题后,即可启动压缩机进行正式试运转。压缩机正式启动后要逐渐开启压缩机的吸气阀,防止出现"液击"。压缩机启动和停机操作也可参见第六章相关内容。

4. 压缩机试运转过程中应检查的工作

(1) 检查电磁阀(指装有电磁阀系统)和膨胀阀是否打开。检查电磁阀可用手摸电磁阀线圈外壳,若感到发热和微小振动,则表明阀已被打开。膨胀阀可观察阀后的管路是否有正常的结露(空调)现象,若阀已打开可听到制冷剂的流动声。

(2) 油压力是否正常,没有卸载装置的压缩机,油压指示值比吸气压力高 0.05~0.15MPa,带有能量卸载装置的压缩机,油压指示压力应比吸气压力高 0.15~0.3MPa。若油压过低,则应查明原因进行调整。对油压继电器的低油压差做动作试验,检查油路系统油压差值低于规定范围时,油压差继电器能否工作。可通过调节油压调节阀,当达到油压差下限值时油压差继电器是否动作来检查。

(3) 检查高低压继电器动作的灵敏度。高压继电器进行压力控制试验，将排气阀逐渐关小，使排气压力逐渐升高，检查高压继电器动作时的压力是否与要求的压力相符，若不相符，则进行调整直到与要求的值相符为止。低压继电器进行压力控制试验，将吸气阀逐渐关小，使吸气压力逐渐下降，检查低压继电器动作时的压力是否与要求的压力相符，若不相符，则应进行调整，直到与要求的值相符为止。

(4) 检查压缩机的吸、排气压力和温度是否在正常范围。如排气温度过高会使润滑油碳化分解，造成结碳，使阀片关闭不严，降低压缩机的容积效率，并缩短阀片的使用寿命，加快气缸与活塞的磨损。

(5) 检查油分离器的自动回油是否正常。正常情况下，自动回油会周期性的开启和关闭，若用手摸回油管，有时冷时热的感觉（当浮球阀开启时，油流回曲轴箱，回油管就发热，否则就发冷）。若发现回油管长时间不发热或长时间发热，就表示回油管有堵塞或浮球阀失灵等故障，应及时检查排除。

(6) 听压缩机运转的声音。正常运转时，除有进、排气阀片发出清晰均匀的起落声外，气缸、活塞、连杆及轴承等部件不应有杂音，否则应停机检查，并及时排除故障。

(7) 检查压缩机能量调节装置动作的灵敏程度。

(8) 检查整个系统的管路和阀门，是否存在泄漏处。

活塞式制冷压缩机制冷剂试运转的时间不应少于24h（连续运转），每台累计运转不得少于45h。

四、制冷系统充注制冷剂

制冷系统首次充注制冷剂是在排污、气密性试验、检漏、抽真空试验合格后进行的。当系统内制冷剂不足时也必须向系统内补充添加制冷剂。因此，充注制冷剂分为首次充注和补充添加两种情况。系统充注制冷剂的多少，不但与系统的大小有关，还与设备的形式和制冷剂的种类等因素有关，所以系统充注制冷剂的多少应按已安装的设备和管路的总长度通过计算求出，然后在计算的基础上，通过逐步调试才能最终确定。一般空调制冷系统的制冷剂充注量和补充量按说明书规定执行。

大型氟利昂系统设有专用充剂阀。中小型氟利昂系统一般不设专用充注制冷剂的阀门，制冷剂通常从压缩机吸排气的多用孔道充入系统。可采取下面两种方法：

1. 从压缩机排气阀多用孔道直接充入制冷剂液体

如图4-3，其优点是充注速度快，适用于抽真空后首次充注。操作方法如下：

(1) 首先将连接好压力表的制冷剂钢瓶置于磅称上称重，做好记录，瓶口向下与地面约成30°角的倾斜。

(2) 用事先准备好的充剂接管与制冷剂钢瓶连好，稍开制冷剂钢瓶的阀门，随即关闭，用制冷剂蒸气冲净充剂管内的空气。

(3) 开足压缩机的排气阀，旋下排气阀的多用孔道塞，然后迅速拧紧排气多用孔道接头螺母。用事先准备好的充剂接管将制冷剂钢瓶和压缩机排气阀多用孔道连通，同时要接入干燥过滤器。

(4) 将排气阀顺时针关2~3圈，使多用孔道与钢瓶连通，逐渐开启钢瓶出液阀，由于此时系统内呈真空状态，因此瓶内制冷剂借助瓶内与系统的压力差进入系统。如钢瓶出现结霜，则充剂速度减慢，这时可用不高于40℃的温水湿布敷在钢瓶上，以加快充剂速

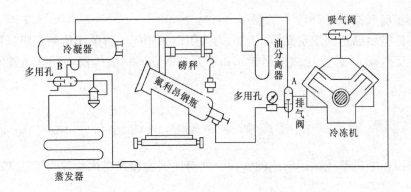

图 4-3 高压侧充氟示意图

度。

(5) 当系统内压力高于 0.3 MPa 时应停止从高压侧充注制冷剂。如果系统内充液量不够，则应改在压缩机吸气侧进行充注。

注意：从高压侧充注制冷剂液体时，切不可启动压缩机，以防发生事故。

2. 从压缩机吸气阀多用孔道充注制冷剂

如图 4-4，这种方法适用于系统补充添加制冷剂。其特点是制冷剂不是以液体状态进入，而是以气态进入系统。其操作步骤如下：

(1) 把制冷剂钢瓶立于（必须直立）磅秤上称重并做好记录。

(2) 在吸气阀的多用孔道与钢瓶之间接管，其操作步骤同从压缩机排气阀多用孔道直接充入制冷剂液体的步骤(2)~(3)。

(3) 开启冷凝器的冷却水系统，如为风冷式冷凝器，则开启风冷式冷凝器的风机。开启压缩机的排气阀门，关闭蒸发器的供液阀。冷却液体的蒸发器应通以载冷剂，提供一定的冷负荷，以防造成载冷剂冻结。

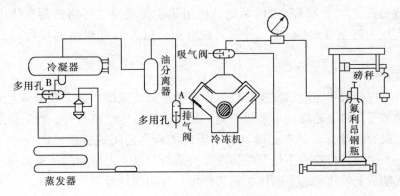

图 4-4 低压侧充氟示意图

(4) 启动压缩机，开启制冷剂钢瓶阀门。

(5) 将吸气阀顺时针旋半圈左右，多用孔道与钢瓶接通，钢瓶内的制冷剂蒸气被压缩机吸入。此时应密切注意压缩机的情况，若有异常声音，应立即将吸气阀反旋退足（多用孔道关闭），以防出现液击。待机器声音正常后，再将吸气阀顺时针旋转半圈。当机器完全正常时,再把吸气阀顺时针转 1~2 圈。

(6) 当磅称指示已达到规定充注量时,先关闭钢瓶阀门,再关闭压缩机吸气阀的多用孔道(即开足吸气阀),停止压缩机运转,卸下充剂接管,将吸气阀多用孔道螺塞旋上拧紧。

第三节 螺杆式制冷压缩机试运行与调试

螺杆式制冷压缩机系统试运行前的吹污、气密性试验和真空试验等与活塞式制冷压缩机系统相同。

一、螺杆式制冷压缩机试运行前的准备工作

1. 压力吹污

螺杆式制冷压缩机的压力吹污是指机组在进行大修或新安装结束后,使用 0.6MPa(表压)压力的干燥空气或氮气对系统管路和各容器内部进行吹扫,使系统中残存的氧化物、焊渣和其他污垢由排污口排出。

2. 压力检漏

压力检漏是指机组在完成排污工作后,向系统内打入压力氮气或干燥空气进行气密性试验。其操作方法是:关闭机组中所有与大气相通的阀门,打开机组中各部分间的连接阀门,然后向机组内充入 0.6 MPa(表压)压力的干燥空气或氮气。此后可用肥皂水对机组的阀门、焊缝、螺纹接头、法兰等部位进行气密性检查。当发现有泄漏现象时,应放掉试漏气体后再进行修补。

排除或没有发现机组泄漏后,可继续向机组充入干燥空气或氮气,在充入气体的同时可混入少量的氟利昂气体,使机组内混合气体的压力达到规定的试验压力,然后再用肥皂水进行检漏。没有查出漏点后,再用电子检漏仪做进一步细致的检漏,确认无泄漏问题后,保压24h。在保压过程中,前 6h 内允许压力下降 0.03MPa,后 18h 内压力应稳定不动,或按公式(4-1)核算。24h 后确认机组确实无泄漏,可将试漏气体由放空阀处排放出去。当压力降至 0.6MPa 时,可关闭放空阀,然后打开机组的排污口,进行再次排污。

3. 点车试机

点车试机是指在机组完成试漏工作以后,对于开启式机组,拆下联轴节上的螺钉和压板,取下传动芯子,将飞轮移向电动机一侧,使电动机与压缩机分开,然后用点动方式通电,检查电动机的转动方向是否正确(对于半封闭或全封闭式机组,此项工作可不做),同时,再动一下油泵,检查一下油泵的转动方向是否与泵壳上所标的箭头方向一致。检查合格后,将联轴节上的传动芯子和压板回装复位,并用螺钉紧固。

4. 充灌冷冻润滑油

向螺杆式制冷压缩机充灌冷冻润滑油有两种情况,一种是机组内没有润滑油的首次加油,另一种是机组内已有一部分润滑油,需要补充润滑油。可以从图4-5中分析加油管线及设备。

(1) 机组首次充灌冷冻润滑油的操作。首次充灌冷冻润滑油有三种常用方法:

1) 使用加油泵加油。将所使用的加油泵的油管一端接在机组油粗过滤器前的加油阀

上，另一端放入盛装冷冻润滑油的容器内。同时，将机组的供油止回阀和喷油控制阀关闭，打开油冷却器的出口阀和加油阀，然后启动加油泵，使冷冻润滑油经加油阀进入机组的油冷却器内，冷冻润滑油充满油冷却器后，将自动流入油分离器内。达到给机组加油的目的。

2）使用机组本身油泵加油。操作时，将加油管的一端接在机组的加油阀上，另一端置于盛油容器内，开启加油阀及机组的喷油控制阀、供油止回阀，然后启动机组本身的油泵，将冷冻润滑油抽进系统内。

3）真空加油法。真空加油法是利用制冷压缩机机组内的真空将冷冻润滑油抽入机组内。操作时，要先将机组抽成一定程度的真空，将加油管的一端接在加油阀上，另一端放入盛有冷冻润滑油的容器中，然后打开加油阀和喷油控制阀，冷冻润滑油在机组内、外压差作用下被吸入机组内。

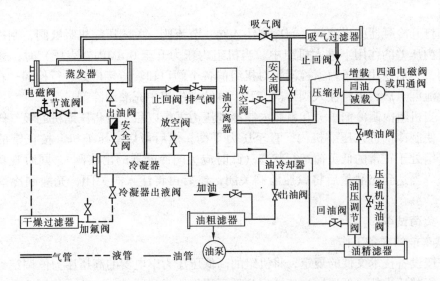

图4-5 LSLGF500螺杆式冷水机组系统图

机组加油工作结束后，可启动机组的油泵，通过调节油压调节阀来调节油压，使油压维持在0.3~0.5MPa（表压）的范围。开启能量调节装置，检查能量调节在加载和减载时工作能否正常，确认正常后可将能量调节至零位，然后关闭油泵。

(2) 机组的补油操作方法。机组在运行过程中，发现冷冻润滑油不足时的补油操作方法是：将氟利昂制冷剂全部抽至冷凝器中，使机组内压力与外界压力平衡，此时可采用机组本身油泵加油的操作方法向机组内补充冷冻润滑油。同时，应注意观察机组油分离器上的液面计，待油面达到标志线上端约2.5cm时，停止补油工作。

应当注意的是：在进行补油操作中，压缩机必须处于停机状态。如果想在机组运行过程中进行补油操作，可将机组上的压力控制器调到"抽空"位置，用软管连接吸气过滤器上的加油阀，将软管的另一端插入盛油容器的油面以下，但不得插到容器底部。然后关小吸气阀，使吸气压力至真空状态，此时，可将加油阀缓缓打开，使冷冻润滑油缓慢地流入机组，达到加油量后关闭加油阀，调节吸气阀使机组进入正常工作状态。

5. 机组的真空度要求

在制冷系统中充入一定量的冷冻润滑油之后，就应该使用真空泵将机组内抽成真空状态，要求机组内压力达到的绝对压力在 5.33kPa 以下。一般情况下，不要使用机组本身抽真空，以免油分离器内残存一部分空气无法排出。

6. 向机组内充灌制冷剂

当机组的真空度达到要求以后，可向机组内充灌制冷剂，其操作方法是：

(1) 打开机组冷凝器、蒸发器的进、出水阀门。

(2) 启动冷却水泵、冷冻水泵、冷却塔风机，使冷却水系统和冷冻水系统处于正常的工作状态。

(3) 将制冷剂钢瓶置于磅秤上称重，并记下总重量。

(4) 将加氟管一头拧紧在氟瓶上，另一头与机组的加液阀虚接，然后打开氟瓶瓶阀。当看到加液阀与加氟管虚接口处有氟雾喷出时，就说明加氟管中的空气已排净，应迅速拧紧虚接口。

(5) 打开冷凝器的出液阀、制冷剂注入阀、节流阀，关闭压缩机吸气阀，制冷剂在氟瓶与机组内压差的作用下进入机组中。当机组内压力升至 0.4MPa（表压）时，暂时将注入阀关闭，然后使用电子卤素检漏仪对机组的各个阀口和管道接口处进行检漏，在确认机组各处无泄漏点后，可将注入阀再次打开，继续向机组中充灌制冷剂。

(6) 当机组内制冷剂压力和氟瓶内制冷剂压力平衡以后，可将压缩机的吸气阀稍微打开一些，使制冷剂进入压缩机内，直至压力平衡。然后可启动压缩机，按正常的开机程序，使机组处于正常的低负荷运行状态（此时应关闭冷凝器的出液阀），同时观察磅秤上的称量值。当达到充灌量后将氟瓶瓶阀关闭，然后再将注入阀关闭，充灌制冷剂工作结束。

二、负荷试车

1. 试车前的准备工作

(1) 按设备技术文件的规定，将机组的高低压压力继电器的高压压力值调定到高于机组正常运行的压力值，低压压力值调定到低于机组正常运行的压力值；将压差继电器的调定值定到 0.1MPa（表压），使其能控制当油压与高压压差低于该值时自动停机，或机组的油过滤器前后压差大于该值时自动停机。

(2) 检查机组中各有关开关装置是否处于正常位置。

(3) 检查油位是否保持在视油镜的 1/2～1/3 的正常位置上。

(4) 检查机组中的吸气阀、加油阀、制冷剂注入阀、放空阀及所有的旁通阀是否处于关闭状态，但是机组中的其他阀门应处于开启状态。应重点检查位于压缩机排气口至冷凝器之间管道上的各种阀门是否处于开启状态，油路系统应确保畅通。

(5) 检查冷凝器、蒸发器、油冷却器的冷却水和冷冻水路上的排污阀、排气阀是否处于关闭状态，而水系统中的其他阀门均应处于开启状态。

(6) 冷却水系统和冷冻水系统应能正常工作。

2. 机组的试运行启动程序及运转调整

(1) 启动冷却水泵、冷却塔风机，使冷却水系统正常循环。

(2) 启动冷冻水泵并调整水泵出口压力使其正常循环。

(3) 对于开启式机组，应先启动油泵，待工作几分钟后再关闭，然后用手盘动联轴器，观察其转动是否轻松。若不轻松，就应进行检查处理。

(4) 检查机组供电的电源电压应符合要求。

(5) 检查系统中所有阀门所处的状态应符合启动要求。

(6) 闭合控制柜总开关，检查操作控制柜上的指示灯能否正常亮。若有不亮者，就应查明原因及时排除。

(7) 启动油泵，调节油压使其达到 0.5~0.6MPa，同时将手动四通阀的手柄分别转动到增载、停止、减载位置，以检验能量调节系统能否正常工作。

(8) 将能量调节手柄置于减载位置，使滑阀退到零位，然后检查机组油温。若低于 30℃就应启动电加热器进行加热，使温度升至 30℃以上，然后停止电加热器，启动压缩机运行，同时缓慢打开吸气阀。

(9) 机组启动后检查油压，并根据情况调整油压，使它高于排气压力 0.15~0.3MPa。

(10) 依次递进，进行增载试验，同时调节节流阀的开度，观察机组的吸气压力、排气压力、油温、油压、油位及运转声音是否正常。如无异常现象，就可对压缩机继续增载至满负荷运行状态。

3. 试机时的停机操作

(1) 机组第一次试运转时间一般以 30min 为宜。达到停机时间后，先进行机组的减载操作，使滑阀回到 40%~50%位置，关闭机组的供液阀，关小吸气阀，停止主电动机的运行，然后再关闭吸气阀。

(2) 待机组滑阀退到零位时，停止油泵运行。

(3) 关闭冷却水水泵和冷却塔风机。

(4) 待 10min 以后关闭冷冻水水泵。

(5) 关闭控制电源。

第四节　离心式制冷压缩机试运行与调试

一、离心式压缩机试运行前的准备工作

离心式制冷压缩机试运行前准备工作的内容主要有以下几项：

1. 压力检漏试验

离心式制冷压缩机的压力检漏具体操作方法如下：

(1) 检漏可使用干燥空气或氮气，而使用氮气比较方便，充入氮气前关闭所有通向大气的阀门。

(2) 打开所有连接管路、压力表、抽气回收装置的阀门。

(3) 向系统内充入氮气。充入氮气的过程可以分成两步进行：第一步先充入氮气，至压力为 0.05~0.1MPa 时止，检查机组有无大的泄漏。确认无大的泄漏后，第二步再加压至规定的试验压力值。若机组装有防爆片装置的，则氮气压力应小于防爆片的工作压力。

(4) 充入氮气工作结束后，可用肥皂水涂抹机组的各接合部位如法兰、填料盖、焊接处，检查有无泄漏，若有泄漏疑点就应做好记号，以便维修时定点。对于蒸发器和冷凝器的管板法兰处的泄漏，应卸下水室端盖进行检查。

(5) 在检查中若发现有微漏现象，为确定是否泄漏，可向系统内充入少量氟利昂制冷

剂，使氟利昂制冷剂与氮气充分混合后，再用电子检漏仪或卤素检漏灯进行确认性检漏。

（6）在确认机组各检测部位无泄漏以后，应进行保压试漏工作，其要求是：在保压试漏的24h内，前6h机组的压力下降应不超过2%，其余18h应保持压力稳定。若考虑环境温度变化对压力值的影响，可按式（4-1）计算分析是否有泄漏存在。

2. 机组的干燥除湿

在压力检漏合格后，下一步工作是对机组进行干燥除湿。干燥除湿的方法有两种：一种为真空干燥法，另一种为干燥气体置换法。

真空干燥法的具体方法是：用高效真空泵将机组内压力抽至666.6~1333.2Pa的绝对压力，此时水的沸点降至1~10℃，使水的沸点远远低于当地温度，造成机组内残留的水分充分汽化，并被真空泵排出。

干燥气体置换法的具体方法是：利用高真空泵将机组内抽成真空状态后，充入干燥氮气，促成机组内残留的水分汽化，通过观察U形水银压力计水银柱高度的增加状况，反复抽真空充氮气2~3次，以达到除湿目的。

3. 真空检漏试验

真空检漏试验可按以下操作进行：将机组内部抽成绝对压力为2666Pa的状态，停止真空泵的工作，关闭机组连通真空泵的波纹管阀，等待1~2h后，若机组内压力回升，可再次启动真空泵抽空至绝对压力2666Pa以下，以除去机组内部残留的水分或制冷剂蒸气。若如此反复多次后，机组内压力仍然上升，可推测机组某处存在泄漏，应重作压力检漏试验。从停止真空泵最后一次运行开始计时，若24h后机组内压力不再升高，可认为机组基本上无泄漏，可再保持24h。若机组内真空度的下降总差值不超过1333Pa，就可认为机组真空度合格。若机组内真空度的下降超过1333Pa，则需要继续做压力检验直到合格为止。

4. 充灌冷冻润滑油

离心式制冷压缩机在压力检漏和干燥处理工序完成以后，在制冷剂充灌之前进行冷冻润滑油的充灌工作。其操作方法是：

（1）将加油用的软管一端接在油泵油箱（或油槽）上的润滑油充灌阀上，另一端的端头上用300目铜丝过滤网包扎好后浸入油桶（罐）之中。开启充灌阀，靠机组内、外压力差将润滑油吸入机组中。

（2）对使用R123的机组，初次充灌的润滑油油位标准是从视油镜上可以看到油面高度为5~10mm的高度。因为当制冷剂充入机组后，制冷剂在一定温度和压力下溶于油中使油位上升。机组中若油位过高，就会淹没增速箱及齿轮，造成油溅，使油压剧烈波动，进而使机组无法正常运行。而对使用R22的机组，由于润滑油与制冷剂互溶性差，所以可一次注满。

（3）冷冻润滑油初次充灌工作完成后，应随即接通油槽下部的电加热器，加热油温至50~60℃后，电加热器转入"自动"操作。润滑油被加热以后，溶入油中的制冷剂会逐渐逸出。当制冷剂基本逸出后，油位处于平衡状态时，润滑油的油位应在视镜刻度中线±5mm的位置上。若油量不足，就应再接通油罐，进行补充。

进行补油操作时，由于机组中已有制冷剂，会使机组内压力大于大气压力，此时可采用润滑油充填泵进行加油操作。

5. 充灌制冷剂

离心式制冷压缩机在完成了充灌冷冻润滑油的工序后，下一步应进行制冷剂的充灌操作，其操作方法是：

(1) 用铜管或 PVC（聚氯乙烯）管的一端与蒸发器下部的加液阀相连，而另一端与制冷剂贮液罐顶部接头连接，并保证有较好的密封性。

(2) 加氟管（铜管或 PVC 管）中间应加干燥器，以去除制冷剂中的水分。

(3) 充灌制冷剂前应对油槽中的润滑油加温至 50~60℃。

(4) 若在制冷压缩机处于停机状态时充灌制冷剂，可启动蒸发器的冷冻水泵（加快充灌速度及防止管内静水结冰）。初灌时，机组内应具有 8.66×10^4 Pa 以上的真空度。

(5) 随着充灌过程的进展，机组内的真空度下降，吸入困难时（当制冷剂已浸没两排传热管以上时），可启动冷却水泵运行，按正常启动操作程序运转压缩机（进口导叶开度为 15%~25%，避开喘振点，但开度又不宜过大），使机组内保持 4.0×10^4 Pa 的真空度，继续吸入制冷剂至规定值。

在制冷剂充灌过程中，当机组内真空度减小，吸入困难时，也可采用吊高制冷剂钢瓶，提高液位的办法继续充灌，或用温水加热钢瓶，但切不可用明火对钢瓶进行加热。

(6) 充灌制冷剂过程中应严格控制制冷剂的充灌量。各机组的充灌量均标明在《使用说明书》及《产品样本》上。机组首次充入量应约为额定值的 50% 左右。待机组投入正式运行时，根据制冷剂在蒸发器内的沸腾情况再作补充。制冷剂一次充灌量过多，会引起压缩机内出现"带液"现象，造成主电动机功率超负荷和压缩机出口温度急剧下降。而机组中制冷剂充灌量不足，在运行中会造成蒸发温度（或冷冻水出口温度）过低而自动停机。

二、负荷试车

负荷试车的目的主要是检查机组工作运行状态和对其技术性能进行调整。

1. 负荷试车前的检查及准备工作

(1) 检查主电源、控制电源、控制柜、启动柜之间的电气线路和控制管路，确认接线正确无误。

(2) 检查控制系统中各调节项目、保护项目、延时项目的控制设定值应符合技术说明书上的要求，并且要动作灵活、正确。

(3) 检查机组油槽的油位，油面应处于视镜的中央位置。

(4) 油槽底部的电加热器应处于自动调节油温位置，油温应在 50~60℃ 范围内；点动油泵使润滑油循环，油循环后油温下降应继续加热使其温度保持在 50~60℃ 范围内，应反复点动多次，使系统中的润滑油温超过 40℃ 以上。

(5) 开启油泵后调整油压至 0.196~0.294MPa 之间。

(6) 检查蒸发器视液镜中的液位，看是否达到规定值。若达不到规定值，就应补充，否则不准开机。

(7) 启动抽气回收装置运行 5~10min，观察小压缩机电动机的转向应正确。

(8) 检查蒸发器、冷凝器进出水管的连接是否正确，管路是否畅通，冷冻水、冷却水系统中的水是否灌满，冷却塔风机能否正常工作。

(9) 将压缩机的进口导叶调至全闭状态，能量调节阀处于"手动"状态。

(10) 启动冷冻水泵，调整冷冻水系统的水量和排除其中的空气。

（11）启动冷却水泵，调整冷却水系统的水量和排除其中的空气。

（12）检查控制柜上各仪表指示值是否正常，指示灯是否点亮。

（13）抽气回收装置未投入运转或机组处于真空状态时，它与蒸发器、冷凝器顶部相通的两个波纹管阀门均应关闭。

（14）检查润滑油系统，各阀门应处于规定的启闭状态，即高位油箱和油泵油箱的上部与压缩机进口处相通的气相平衡管应处于贯通状态。油引射装置两端波纹管阀应处于暂时关闭状态。

（15）检查浮球阀是否处于全闭状态。

（16）检查主电动机冷却供、回液管上的波纹管阀，抽气回收装置中回收冷却供、回液管上波纹管阀等供应制冷剂的各阀门是否处于开启状态。

（17）检查各引压管线阀门、压缩机及主电动机气封引压阀门等是否处于全开状态。

2. 负荷试车的操作程序

（1）确认已启动冷却水泵和冷冻水泵。

（2）打开主电动机和油冷却水阀，向主电动机冷却水套及油冷却器供水。

（3）启动油泵，调节油压，使油压（表压）达到规定值范围。

（4）启动抽气回收装置。

（5）检查导叶位置及各种仪表。

（6）启动主电动机，开启导叶，达到正常运行。

（7）试车中在冷冻水温，冷却水温趋于稳定时，操作人员应经常注意下列内容：

1）油压、油温和油箱的油位；

2）蒸发器中制冷剂的液位；

3）电机温升；

4）冷冻水、冷却水的压力、温度和流量；

5）机器的声响和振动；

6）冷凝压力和蒸发压力的变化。

当机器发生喘振时，应立即采取措施予以消除。应详细记录冷凝压力、蒸发压力、冷却水和冷冻水进出口温度，以便与以后运行中的参数进行比较。试车时应对各种仪表、继电器的动作进行调整和整定。

在确认机组一切正常后，可停止负荷试机，以便为正式启动运行做准备。其停机程序是：先停止主电动机工作，待完全停止运转后再停油泵；然后停止冷却水泵和冷冻水泵的运行，关闭供水阀。

三、离心式压缩机的开机与停机操作

离心式压缩机试运行时的开机及停机操作与第六章日常运行时的开机及停机操作相同。自动运转方式需在自控系统经过调试、各种仪表继电器的动作进行调整和整定后才能进行。

第五节 溴化锂吸收式制冷机的试运行与调试

溴化锂吸收式制冷机组安装就位后，投入运行之前，需要对机组进行试运行与调试。

一、屏蔽泵的试运转

溴化锂制冷机组中的屏蔽泵有蒸发器泵、发生器泵和吸收器泵,它们是靠自身液体冷却和润滑的。屏蔽泵对于制冷机组能否正常工作起到主要的作用。因此,机组未进行系统运转前,必须先对屏蔽泵进行检查和试运转,为系统进行清洗创造条件。

(1) 屏蔽泵的旋转方向判断。

屏蔽泵的旋转方向应正确,但屏蔽泵无外露轴头,在判断转动方向时,必须先于机组中充灌清水,然后按下列方法运转:

1) 开启屏蔽泵管路中的阀门,启动屏蔽泵并运转 5~10s。

2) 倾听屏蔽泵运转的声音判断旋转的方向,如产生"喀啦"不正常的声音,则说明反向,应更改电源的接线,即三相电源中的二相倒过来。

(2) 屏蔽泵正常运转后,工作应稳定,无异常振动和声响,紧固连接部位无松动。

(3) 屏蔽泵电机运行电流符合设备技术文件的规定。

(4) 屏蔽泵连续运转时,屏蔽泵外壳最高温度不得超过 70℃。

二、真空泵的试运转

为了保证系统的正常运转和提高设备使用寿命,溴化锂制冷系统中设有抽气装置,使机组处于真空状态。真空泵安装后,应在机组试运转前对系统的真空性能进行调试。

(1) 在真空泵吸入管道上安装真空压力表,关闭真空泵上与制冷系统连通的阀门。

(2) 从油孔注入清洁的真空泵油至油标中心线,并拧紧油孔丝堵。在此过程中应做到油位适当,过低会降低真空度,过高会从排气口喷出。

(3) 启动前,按旋转方向用手盘转泵轮,如无异常现象,即可启动电机使其运转。

(4) 启动真空泵,抽至压力在 0.0133kPa 以下时停泵,然后观察真空压力表,确定有无泄漏。

(5) 在运转过程中油温应不得超过 75℃,不得有异常响声。

三、机组试运行调试前的准备工作

1. 系统的一般检查

(1) 电源供电电压应正常,应能正常送电;控制箱动作应可靠。

(2) 系统中的温度与压力继电器的指示值应符合要求,调节阀的设定值应正确,动作应灵敏,系统各调节阀的位置应符合设备技术文件的要求。

(3) 系统中的流量计与温度计等测量仪表应满足精度要求。

(4) 管路系统应清洗干净,水路系统中应装有过滤网,冷却水和冷媒水的循环水池的水位应符合要求。

(5) 检查机组应安装排水和排气阀门。

(6) 检查水泵的各连接螺栓不应松动,润滑油、润滑脂应充足,填料不应漏水,电动机的运转电流应正常,泵的压力、声音及电动机温度等应正常;屏蔽泵的绝缘电阻应符合要求,屏蔽泵在充灌溶液与冷剂水后应能正常运转;真空泵油位应在视镜中部,油质不应呈乳白色,否则应更换新油。

(7) 冷却塔的型号应正确,流量应达到设计要求,冷却水温差应合理。

2. 气密性检查

溴化锂吸收式制冷机组是高真空的制冷设备,机组的真空度和气密性对机组的运行至关重要。因此，溴化锂吸收式制冷设备在现场安装完毕后，为保证制冷机组的正常运行，应对机组进行气密性检查，内容包括气密性试验和抽真空试验。

(1) 气密性试验。

溴化锂吸收式制冷机组气密性试验所用的介质主要有氮气或干燥压缩空气及氟利昂两种。

以氮气或干燥压缩空气为试验介质时，应首选氮气。若无氮气，可用干燥的压缩空气，但对已经试验或运转的机组，机内充有溴化锂溶液，必须使用氮气。其试验步骤如下：

1) 向机组内充入表压为 0.2MPa 的氮气或干燥的压缩空气。

2) 在机组法兰密封面、螺纹连接处、传热管胀接接头以及焊缝等可能有泄漏的地方，涂以肥皂水或其他发泡剂检漏。若有泡沫连续生成的部位，则为泄漏的地方。对于可以浸没于水中的部分，也可用浸水法检查，若有气泡逸出，气泡产生处即为泄漏位置。

3) 对于已发现泄漏的地方，将机组内氮气或压缩空气放尽后进行修补，然后再重复以上压力检漏步骤，直到认为整个系统无一漏处为止。

4) 若无泄漏时，可对机组保压 24h，记录下保压开始和结束时的温度、当地大气压力和机组内气体的压力。扣除因温度变化引起的压力变化外，机组内气体压力下降不大于 0.0665kPa。机组的压力降按公式（4-1）计算。

对于以氟利昂为试验介质的气密性试验，其步骤如下：

1) 先对系统抽真空至 0.265kPa。

2) 向系统内充入氟利昂气体至表压为 0.05MPa。

3) 再向系统内充入氮气或干燥的压缩空气至表压为 0.15MPa。

4) 用电子卤素检漏仪对机组法兰密封面、螺纹连接处、传热管胀接接头以及焊缝等可能泄漏的地方进行检查。

要求其泄漏不大于 2.03PamL/s。若泄漏量大于 2.03PamL/s，则应在机组内气体放尽后进行修补，然后再重复以上检漏步骤，直到整个系统每一处的泄漏量不大于 2.03PamL/s。

(2) 抽真空试验。

机组在气密性试验合格后，为了进一步验证在真空状态下的可靠程度，需要进行真空检漏。真空检漏是考核机组气密性的重要手段，也是气密性检验的最终手段。具体方法如下：

1) 将机组通往大气的阀门全部关闭。

2) 用真空泵将机组抽至 0.0665kPa 的绝对压力，关闭真空泵上的抽气阀门。

3) 保压 24h，记录下保压开始和结束时的温度、当地大气压力和机组内气体的压力。扣除因温度变化引起的压力变化外，机组内气体压力上升应不大于 0.0266kPa。机组的压力降可按公式（4-2）计算

$$\Delta P = \frac{273 + t_1}{273 + t_2}(B_2 - P_2) - (B_1 - P_1) \tag{4-2}$$

式中　　ΔP——机组的压力降，kPa；

P_1、B_1——保压开始时机组内气体的真空度和当地大气压力，kPa；

P_2、B_2——保压结束时机组内气体的真空度和当地大气压力,kPa;

t_1、t_2——保压开始、结束时机组内气体的温度,℃。

4) 若机组真空试验不合格,仍需将机组内充以氮气,重新用气密性试验进行检漏,消除泄漏后,再重复上述的抽真空试验步骤,直至达到抽真空试验合格为止。

3. 机组的清洗

机组出厂前若已在性能测试台上做过性能试验,并已充注溶液,机组则不必进行清洗,否则,机组在进行调试、灌注溶液前,应对制冷机进行清洗,以消除机内的浮锈、油污等脏物。清洗的介质最好用蒸馏水,若没有蒸馏水,也可以使用水质较好的自来水。清洗方法有两种:一种是机组加水后,开动机组中的水泵进行循环冲洗。另一种是在第一种的基础上,利用机组加热的热源对循环水加热进行循环冲洗。这里只介绍第二种方法,其步骤如下:

(1) 拆下屏蔽泵,封闭泵进出口管道,用清洁自来水从机组上部的不同位置灌入,直至机组内的水量充足,然后分别从机组下部不同位置的放水口将水放出,这样,机组内杂质和污物随着水一同流出。重复操作,直至放出的水无杂质、不浑浊为止。最后放尽存水,把机组最低部位放水口打开。

(2) 在屏蔽泵的入口装上过滤器,然后装到机组上,注入清洁自来水至机组正常液位,其充灌可略大于所需的溴化锂溶液量。

(3) 启动机组吸收器泵,持续4h,使灌入的清水在机内循环。

(4) 启动冷却水泵,使冷却水在机组内循环,打开蒸汽阀门,让加热蒸汽进入高压发生器,使在机内循环的清水温度升高并蒸发产生水蒸气,水蒸气在冷凝器内经冷凝后进入蒸发器。当蒸发器内水位达到一定高度后,启动蒸发器泵,使水在蒸发器泵中循环。然后让水通过旁通管进入吸收器。若供汽系统、冷却水泵系统暂不能投入运行,也可用清水直接清洗。但最好采用水温为60℃左右的清水,以利于清洗机内的油污。

(5) 制冷机组各泵运转一段时间后,将水放出。若放出的水比较干净,清洗工作则可结束。若放出的水较脏,还应再充入清水,重复上述清洗过程,直到放出的水干净为止。

(6) 清洗合格后,拆下机组各泵和泵入口的过滤器,清洗过滤器,然后将各泵重新装好。

(7) 清洗检验合格后,应及时抽真空,灌注溴化锂溶液,让制冷机组投入运行。若长时间停机,必须对机组内部进行干燥和充氮气封存,以免锈蚀。

4. 溴化锂溶液的充注

吸收式制冷机所用的溴化锂溶液的配制一般有两种方式:采用浓度为50%左右的溶液配制和固体溴化锂的配制。溴化锂溶液的配制必须按设备技术文件的规定来进行。

(1) 溴化锂溶液的配制

1) 当采用浓度为50%左右的溶液时,若溴化锂溶液呈无色状,需要添加重量百分比为0.3%左右的铬酸锂缓蚀剂。添加方法是先将铬酸锂溶解在蒸馏水中,然后再加入溴化锂溶液中。要求添加铬酸锂后的溴化锂溶液的pH值为9.5~10.5为宜。溴化锂溶液pH值采用pH计或pH试纸来测定,即将溶液搅拌均匀后,用吸液管吸出2mL,并用5~10倍的蒸馏水稀释,即可测定。如pH值过小呈酸性反应,溶液中可加入适量的氢氧化锂,如pH值过大呈碱性反应,溶液中可加入适量的氢溴酸。

2）当采用固体溴化锂配制溶液时，分别称量所需配制的固体溴化锂和蒸馏水，先将蒸馏水倒入一容器中，再按比例逐步加入固体溴化锂，并进行搅拌，需要注意的是投入固体溴化锂的速度不要过快。当固体溴化锂完全溶解于蒸馏水后，可用温度计和密度计测量溶液的温度和密度，再从溴化锂溶液性能图表上查出溶液的浓度。铬酸锂缓蚀剂的加入和pH值的调整与上述相同。

在溴化锂吸收式制冷机中，为了使冷凝器管外冷剂蒸气的膜状凝结变为珠状凝结，增加冷凝器和吸收器的传热和传质效果，提高溴化锂机组的制冷能力，在配制溴化锂溶液时，常在溴化锂溶液中按质量比例加入0.1%～0.3%的正辛醇或异辛醇。

溴化锂溶液配制后，溶液应在容器中进行沉淀，并保持洁净，不得有油类物质和其他杂物混入。

（2）溴化锂溶液的充注。

溴化锂溶液加入机组前，应留有小样，以便调试过程中，碰到溶液质量等问题时能进行分析。溴化锂溶液的充注方法如下：

1）开动真空泵抽气，将机组抽真空至绝对压力为0.0665kPa以下。当机组内冲洗后有残留水分时，可将机组内抽至与环境温度相对应的水蒸气的饱和压力，如表4-3所示。

环境温度对应的水蒸气饱和压力　　表4-3

温度(℃)	绝对压力(kPa)	温度(℃)	绝对压力(kPa)	温度(℃)	绝对压力(kPa)	温度(℃)	绝对压力(kPa)
0	0.6108	10	1.2271	20	2.3368	30	4.2417
1	0.6566	11	1.3118	21	2.4855	31	4.4913
2	0.7054	12	1.4015	22	2.6424	32	4.7536
3	0.7575	13	1.4967	23	2.8079	33	5.0290
4	0.8129	14	1.5974	24	2.9824	34	5.3182
5	0.8718	15	1.7041	25	3.1663	35	5.6217
6	0.9346	16	1.8170	26	3.3600	36	5.9401
7	1.0012	17	1.9364	27	3.5639	37	6.2740
8	1.0721	18	2.0626	28	3.7785	38	6.6240
9	1.1473	19	2.1960	29	4.0043	39	6.9907

2）连接充注装置：溴化锂溶液的充注装置由溶液桶、溶液灌注瓶、连接软管及溶液充注阀等组成，如图4-6所示。取软管，用溴化锂溶液充满软管来排除管内的空气，然后将软管按图4-6所示分别与溶液桶、溶液灌注瓶、溶液充注阀连接，接头密封应良好。在溶液桶的桶口和溶液灌注瓶的瓶口可加设不锈钢丝网或无纺布等过滤网，以免杂质或其他垃圾进入。

3）充注溶液：开启溶液充注阀，溴化锂溶液先从溶液桶进入充灌瓶，然后再充入机组内。在充灌过程中应注意调节充注阀的开启度，以保持充灌瓶的液位稳定，软管应浸没在溶液中，以防止空气进入系统。充液软管的管端应距离瓶底不小于100mm，防止沉淀物或杂质进入机组内。

如溴化锂溶液超过视镜液位时，应启动溶液泵，即可使溶液从吸收器进入发生器内。

溶液的充灌量应符合设备技术文件的规定。

4）溴化锂溶液按规定量充注完毕后，关闭充注阀，启动溶液泵，使溶液循环。再启动真空泵对机组抽真空，将充注溶液时可能带进机组的空气抽尽。同时，要观察机组液位及喷淋情况。

5．冷剂水的充注

冷剂水必须是蒸馏水或离子交换水（软水），不能用自来水或地下水，因为水中含有游离氯及其他杂物，影响机组的性能。

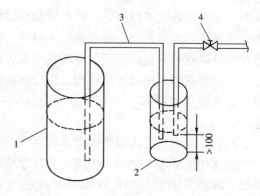

图4-6 溶液充注装置
1—溶液桶；2—溶液灌注瓶；
3—软管；4—溶液充注阀

系统内冷剂量应等于加入机组的溴化锂溶液中的水分质量与加入机组冷剂水的质量之和。因此，冷剂量的大小不仅与设备技术文件规定的冷剂充入量有关，而且还与加入机组的溶液浓度有关。如溶液浓度低于50%时，可先不充灌冷剂水，而利用溶液浓缩来产生冷剂水。冷剂水仍不足，可再充灌补充水。如果加入机组的溴化锂溶液浓度高于50%以上，且不符合设备技术文件的要求，则加入机组的冷剂水量可通过计算，使加入的冷剂水量加上溴化锂溶液中的总和，等于设备技术文件要求的溴化锂溶液中的水分质量与加入的冷剂水质量之和。

冷剂水的充注步骤与溶液充注步骤相同：将蒸馏水或软化水先注入干净的桶或缸中，用一根真空橡胶管，管内充满蒸馏水以排除空气，一端和冷剂泵的取样阀相连，一端放入桶中，将水充入蒸发器中。

四、溴化锂吸收式制冷机组的调试

1．机组的启动运转

（1）启动冷水泵与冷媒水泵，逐渐地向机组内供水，并调整各种水的流量，当冷却水温度低于20℃时，应调节阀门减少冷却水供水量。

（2）启动发生器泵、吸收器泵，使溶液循环。

（3）以蒸汽为动力的机组，手动缓慢开启蒸汽调节阀、疏水器前后截止阀，以较低的蒸汽压力向发生器供汽，无异常现象后，再逐渐提高蒸汽压力至设备技术文件的规定值。对于以热水作为动力的机组，手动缓慢开启热水阀门。

（4）蒸汽通入后，发生器逐渐发生作用。此时，吸收器液位逐渐下降，蒸发器冷剂水液位逐渐上升。当冷剂水液位超过视镜中线后，启动蒸发器泵，并调节制冷机，使机组进入正常运转状态。

（5）手动运转正常后，将自动控制系统投入，再进行调整，使系统达到稳定状态。

2．机组运转过程中的调试

为了保证机组正常稳定的工作，还要对以下内容进行检查和调试：

（1）运转不稳定的调试。

机组要达到一个稳定运行工况，必须要有相应的溶液循环量给予保证。但在机组刚启动尚未形成适量溶液循环量时，机组运转不会稳定，就会出现溶液循环量过大或过小的现象。若溶液循环量小时，机组会逐步的形成稳定的运转，此时制冷量较小。若溶液循环量大时，机组运转就难以稳定，将出现制冷量偏小，工作蒸汽量却偏大，吸收器的热负荷过大，从视镜可观察到吸收器液位越来越低，而蒸发器的冷剂水的液位越来越高，同时吸收器中溶液浓度越来越高，颜色逐渐变为深黄色，甚至会出现结晶等现象。调试时，应首先迅速开启蒸发器泵出口的稀释阀，使冷剂水从蒸发器旁通至吸收器中，以稀释溶液，避免吸收器溶液出现结晶。再减少送至发生器的溶液量，使机组逐步地达到运行稳定的状态。

(2) 冷剂水中混入溴化锂溶液的调试。

溴化锂溶液混入冷剂水中后，其黏度增高而影响蒸发器的蒸发效率，并使机组制冷量降低。冷剂水中混有溴化锂溶液其颜色变黄，并有咸味。一般冷剂水的相对密度大于1.04时，应进行再生处理。

冷剂水再生处理方法是：先关闭冷剂泵排出阀，开启冷剂水旁通阀，将蒸发器中的冷剂水全部排到吸收器中，直至冷剂泵发出空吸声，关闭旁通阀并停止冷剂泵运转。反复数次，直到冷剂水的相对密度接近于1为止。如反复数次仍达不到要求，说明旁通过程中冷剂水中仍混有溴化锂液滴，产生的原因可能是由于溶液浓度稀，使发生效果加剧，其调整的方法是关小蒸汽调节阀，降低蒸汽压力，减少蒸汽的供应量，关小冷却水进口阀门，减少冷却水量，关小溶液调节阀，减少溶液循环量。

(3) 运转中不凝性气体的抽除。

判断不凝性气体是否存在，是在机组正常运转的状态下，先记录冷媒水温度，启动真空泵运转 1~2min 后，打开抽气阀，开启通往冷剂分离器的喷淋溶液阀进行排气。真空泵运行约 15min，在外界参数不变的情况下，若冷媒水出水温度下降，制冷量增加，则说明系统内有不凝性气体。若真空泵停止运转后，冷媒水出水温度上升，说明机组有泄漏，出水温度上升越快，泄漏量也越大。因此需要对机组重新进行气密性试验。

(4) 工况测试。

工况测试是测定制冷机组的工作情况，看是否符合设备技术文件的规定。工况测试的主要内容有：吸收器和冷凝器进出水温度和流量；冷冻水进出水温度和流量；蒸汽进口压力、流量和温度；冷剂水密度；冷剂系统各点温度；发生器进出口稀溶液、浓溶液以及吸收器的浓度；系统的真空度；各种安全保护继电器及仪表的指示等。在试运行方案中应事先列好各项检查的时间和程序。

3. 制冷系统停止运转的顺序

(1) 关闭蒸汽调节阀，停止供汽。

(2) 停汽后，冷却水泵、冷媒水泵和吸收器泵、发生器泵、蒸发器泵继续运转，待发生器的浓溶液和吸收器的稀溶液充分混合、浓度趋于均衡后再停泵。

(3) 停止运转后，应及时观察并记录各液位的高度和真空度。

如系统停止运转的时间较长，机组的环境温度低于 15℃ 时，应将蒸发器中的冷剂水通过稀释管放到吸收器中，使溶液得到稀释，避免出现结晶现象。

思考题与习题

1. 冷却水系统需要试运行的设备有哪些？如何进行正确的试运行操作？
2. 简述冷却水和冷冻水系统试运行的程序。

3. 活塞式制冷压缩机启动前应作哪些准备工作？
4. 活塞式制冷压缩机开、停机操作程序有哪些内容？如何向活塞式制冷压缩机充注制冷剂？
5. 螺杆式制冷压缩机启动前应作哪些准备工作？
6. 螺杆式制冷压缩机开、停机操作程序有哪些内容？如何向螺杆式制冷压缩机充注润滑油？
7. 离心式制冷压缩机启动前应作哪些准备工作？
8. 离心式制冷压缩机开、停机操作程序有哪些内容？
9. 如何向离心式制冷机组充注制冷剂？
10. 溴化锂吸收式制冷压缩机启动前应作哪些准备工作？如何进行溴化锂溶液的充注？
11. 制冷系统抽真空检查不合格，应如何找出泄漏处？
12. 按操作顺序，试编写活塞式制冷压缩机试运行的主要工序。

第五章 空调系统试运行与调试

第一节 空调风系统设备单机试运行与调试

普通集中式和半集中式舒适性空调风系统的运转设备不多,主要有各种结构形式的风机和自动卷绕过滤器。而不同用途的净化空调系统,在设备组成和工艺布置上相差甚远,这里对净化空调系统仅介绍几种典型设备的试运行与检测方法。

每一项单机试运行与调试都应根据规范和设备技术文件的要求确定检测项目和测定参数,准备"试运行记录"表,试运行调试后要形成完整的记录。

一、通风机试运行

空调系统中所有风机都必须先进行试运行检查,大型通风机应单独试运行,设备内的风机要根据设备结构和工作特点,按设备技术文件的要求试运行。

1. 通风机试运行前的准备工作

(1) 通风机试运行之前要再次核对通风机和电动机的规格、型号,检查在基座上的安装及与风管连接的质量,并检查安装过程中的检验记录。存在的问题应全部解决,润滑良好,具备试运行条件。同时电工也要对电动机动力配线系统及绝缘和接地电阻进行检查和测定。

(2) 通风机传动装置的外露部位,以及直通大气的进、出口,必须装设防护罩(网)或安装其他安全设施。空调机功能段内的风机需要打开面板,或由人直接进入功能段内才能操作,要注意保护段体设备并做好人员安全保护工作。

(3) 风管系统的新、回风口调节阀,干、支管风量调节阀全部开启;风管防火阀位于开启位置;三通调节阀处于中间位置;热交换器前的调节阀开到最大位置,让风系统阻力处于最小状态。风机启动阀或总管风量调节阀关闭,让风机在风量等于零的状态下启动。轴流风机应开阀启动。

2. 通风机试运行与检测

(1) 用手转动风机,检查叶轮和机壳是否有摩擦和异物卡塞,转动是否正常。如果转动感到异常和吃力,则可能是联轴器不对中或轴承出现故障。对于皮带传动,皮带松紧应适度,新装三角皮带用手按中间位置,有一定力度回弹为好。试运行测出风机和电机的转速后,可以检查皮带传动系数。

$$K_p = \frac{n_d D_d}{n_f D_f} \tag{5-1}$$

式中 K_p——皮带传动系数,取 1.05;
n_d——电机转数,r/min;
n_f——风机转数,r/min;
D_d——电机皮带轮槽直径,mm;

D_f——风机皮带轮槽直径，mm。

（2）点动风机，达到额定转速后立即停止运行，观察风机转向，如不对应改变接线。利用风机滑转观察风机振动和声响。启动时用钳形电流表测量电动机的启动电流应符合要求。风机点动滑转无异常后可以进行试运行。

（3）运行风机，启动后缓慢打开启动阀或总管风量调节阀，同时测量电动机的工作电流，防止超过额定值，超过时可减小阀门开度。电动机的电压和电流各相之间应平衡。

（4）风机正常运行中用转速表测定转速，转速应与设计和设备说明书一致，以保证风机的风压和风量满足设计要求。

（5）用温度计测量轴承处外壳温度，不应超过设备说明书的规定。如无具体规定时，一般滑动轴承温升不超过35℃，温度不超过70℃；滚动轴承温升不超过40℃，最高温度不超过80℃。运行中应监控温度变化，但结果以风机正常运行2h以后的测定值为准。

对大型风机，建议先试电机，电机运转正常后再联动试机组。风机试运行时间不应少于2h。如果运转正常，风机试运行可以结束。试运行后应填写"风机试运行记录"，内容包括：风机的启动电流和工作电流、轴承温度、转速以及试运行中的异常情况和处理结果。

3．通风机性能测试

是否测试通风机性能可根据实际情况决定。测试的目的是检查在额定电流范围内，风机能达到的最大风量、相应风压和轴功率。要求风量、风压满足工作要求又略有调节余度。如果电流在额定范围内而风量未达到设计风量，风系统阻力又无法减小时，说明风管系统阻力计算值小于实际值；如果电流达到额定值而风量还未达到设计风量，说明风机选择偏小，出现以上情况应与建设和设计单位协商解决。完成以上参数测试，可以在后续的调试中做到心中有数。通风机性能测试可以在通风机试运行过程中进行，也可以与风系统调试一起进行。

（1）风机风压的测定。

风机风压通常指全压，应分别测出吸入口和压出口的全压值。由于全压等于静压与动压之和，因此可根据实际情况直接测全压或分别测静压和动压。风机的全压是风机压出口处测得的全压与吸入口处测得的全压的绝对值之和，即：

$$P_q = |P_{qy}| + |P_{qx}| \tag{5-2}$$

式中　P_q——风机的全压，Pa；

P_{qy}——风机压出口处的全压，Pa；

P_{qx}——风机吸入口处的全压，Pa。

风机风压测量位置应选在靠近风机进出口气流比较稳定的直管段上。如果风管设计已留好测孔位置，就直接用毕托管和倾斜微压计在预留测孔测量。如果风压较大，可以用U形管压力计代替倾斜微压计。如测量截面离风机进出口较远，应分别将测得的全压值补偿从测量截面至风机进出口处风管的理论压力损失。对于安装在空调机组功能段箱体内的风机，可在箱体内直接用热球风速仪测进口平均风速，换算成动压；再用压力计测箱体内静压，将静压（负值）与动压相加后的绝对值即为风机吸入口的全压绝对值。测量仪器的使用、测量布点和数据处理见本章第二节相关部分。

(2) 风机风量的测量。

风机风量测量与风机的风压测量同时进行。用毕托管和微压计测量时，先求出平均动压 P_{dp}，再计算风机进出口风管内的平均风速和风量。

$$v_p = \sqrt{\frac{2P_{dp}}{\rho}} \tag{5-3}$$

$$L = 3600 F v_p \tag{5-4}$$

式中 P_{dp}——风管内平均动压，Pa；
v_p——风管内平均风速，m/s；
ρ——风管内空气密度，kg/m³；
F——风管截面积，m²；
L——风量，m³/h。

用热球风速仪测进口平均风速后可以直接计算进口风量。风机风量应取进、出口端测得风量的平均值。如果测量的进、出口端风量相差超过5%以上时，应分析原因，重新测量。

(3) 风机轴功率测定。

风机的轴功率，即电机的输出功率，可用功率表直接测量，也可用钳形电流表、电压表先测出电流和电压值，再按下式计算：

$$N = \frac{\sqrt{3} VI \cos\phi}{1000} \eta_d \tag{5-5}$$

式中 N——风机的轴功率，kW；
V——实测的线电压，V；
I——实测的线电流，A；
$\cos\phi$——电机的功率因素，0.8~0.85；
η_d——电机效率，0.8~0.9。

当风机增加性能测试内容后，记录表应增加相应栏目。

二、风机盘管与新风机组试运行

1. 风机盘管试运行

风机盘管是半集中式空调系统最常用的末端装置，已基本取代诱导器。风机盘管安装前要对盘管进行水压试验；安装时控制凝水盘坡向并作排水试验，保证凝结水能顺畅流向凝水排出管；盘管与水系统管道连接多用金属或非金属柔性短管，水系统管道必须清洗排污后才能与盘管接通。在完成设备、管道和电气与控制系统安装后，风机盘管不供冷、热媒的第一次试运行主要检查风机的运行情况。

(1) 运行前应完成包括固定、连接和电路在内的全部静态检查，并符合设计和安装的技术要求。用500V绝缘电阻仪和接地电阻仪测量，带电部分与非带电部分的绝缘电阻和对地绝缘电阻，以及接地电阻均应符合设备技术文件的规定。无规定时，绝缘电阻不得小于2MΩ。接地电阻不得大于4Ω。

(2) 启动依照手动、点动、运行的步骤，要求风机与电机运行平稳，方向正确。目前风机普遍采用手动三档变速，应在所有风机转速档上各启动3次，每次启动应在电动机停止转动后再进行，在所有风机转速档上，要求均能正常运转。在高速档运转应不少于

10min，然后停机检查零、部件之间有无松动。对于风机与电动水阀连锁方式，风机启动时电动水阀应及时打开。

(3) 高静压大型风机盘管要将处理后的空气由风管送到几个风口，试运行合格后应对风口风量进行调整，使其达到设计要求。当风机盘管换档运行时，各风口风量同时改变，但调定比例不会改变。

由于采用低噪声电机，风机和机体安装也采用了减振措施，运行时噪声应该很低，振动很小。如果发现有明显异常噪声和振动，应该立即停机分析查明原因：是转动件的摩擦、轴承噪声、部件松动还是减振装置出现问题，要针对具体情况排除故障。对于悬吊安装方式，吊杆应安装减振器。一些小型风机盘管采用膨胀螺栓固定吊杆座，运行时机体晃动会使螺栓慢慢被摇松，这是非常有害的。如果查明噪声和振动属于制造质量问题，应会同建设单位和厂家协商解决。有环境噪声要求的场所，应按照本章第四节的方法进行测定。室内的噪声应符合设计的规定。

2．新风机组试运行

新风机组在建筑中作为新风处理设备与风机盘管配合使用，或用于净化空调系统新风预处理。卧式机组风机试运行在安装后进行，要求与通风机试运行相同。吊顶式新风机组在结构上与风机盘管相似，应在地面先完成盘管清洗和试压工作。有的施工单位在地面做简易试验台，同时让机组在地面进行风机试运行，这是可行的，但要注意这时机组未与风管相连，阻力很小，运行时要控制风阀开度，防止烧坏电机。吊挂安装后，再次运行还应观察机组转向和振动情况，合格后可以进行风口风量调节工作。

净化空调系统新风机组带有初效和中效过滤器，出厂前经过清洁擦拭并严密包装运到现场。在机组和系统安装中的停顿时和完备后，通向大气的孔口都要及时封闭，试运行也要注意这一点，同时在新风的吸入口处应设置临时用过滤器（如无纺布等）。机组试运行含有对系统的清吹作用，如果新风管较长，建议新风与回风系统先分开，吹出口临时通向大气。

三、卷绕过滤器试运行与检测

卷绕过滤器为初效过滤器，有使用化纤滤料的自动卷绕过滤器和使用金属网格的自动浸油过滤器两类，如图5-1和图5-2所示。

(1) 自动卷绕过滤器试运行前应将减速器用煤油清洗干净，减速器和各润滑点按设备技术文件的要求加注润滑剂。段体内部和挡料拦、滤料滑槽等部件也要清扫擦拭干净。在电气检查合格之后，启动电机，观察传动系统转动方向应正确，运行应平稳。安装滤料后滤料松紧要适度，运行卷绕不得有跑偏现象，滤料跑偏主要是上下滤料筒不平行所致。试运行合格后安装压差传感器，并对压差调节系统进行整定和校验。

(2) 自动浸油过滤器试运行与自动卷绕过滤器相似，需要清洗油槽、减速器和加注润滑剂。试运行判别正确的转动方向是使滤网在迎风面由下而上的运动。电机与减速器运转应平稳无异常。滤网安装是从上轴两边放下，让长的一边在面向安装者的里侧向下绕过下轴，然后再向上与另一端在外侧相连。滤网要适度拉紧，再次运转应无卡塞、抖动和异常声响。

对机械减速的卷绕传动机构（特别是自动浸油过滤器），传动减速比很大，试运行一定要先空载检查（即不装滤网或滤料）。空载和负载运行都要检测启动电流和工作电流，防止烧坏电机。

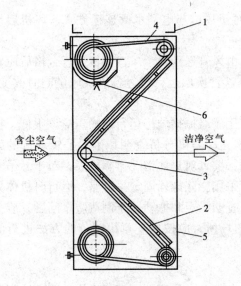
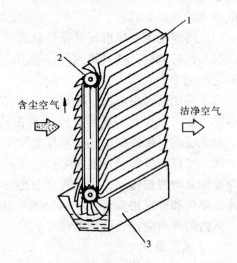

图 5-1　ZJK-1 型自动卷绕
人字式空气过滤器

1—连接法兰；2—滤料滑槽；3—改向棍；
4—滤料；5—壳体；6—限位器

图 5-2　金属滤网自动浸油
空气过滤器

1—滤尘网板；2—转轴；3—油槽

四、空气净化设备试运行与检测

1. 空气吹淋室试运行

吹淋室是空气洁净设备，设置在洁净室人员入口处，利用高速洁净气流对进入洁净室的人员吹淋，除去身上的灰尘，同时也起到气闸室的作用。空气吹淋室有室式和通道式两种类型，如图 5-3 和图 5-4 所示。

图 5-3　室式吹淋室
（上海上净）

图 5-4　货淋通道
（苏州安泰）

在洁净室安装与检测的工作中，当要求人员穿与洁净室洁净度等级相适应的洁净工作服进入室内时，应及时进行空气吹淋室试运行（一般应在安装高效过滤器时），保证人员能在空气吹淋室对工作服吹淋除尘。空气吹淋室试运行前，进风口应加装临时过滤装置。空气吹淋室与洁净室要同时进行清扫和擦拭，清扫可采用配有超净滤袋的吸尘器。人员在清洁后的吹淋室内检查调试也应按洁净室工作规程更衣换鞋和穿洁净工作服。吹淋室试运行调试的内容有：

（1）吹淋室试运行调试前要检查与围护结构的连接和密封，并对吸入风口过滤器设置临时过滤装置加以保护。检查电气系统绝缘和接地应符合要求。

（2）检查两门的电气或机械互锁装置。一门打开时，另一门不能打开，使洁净室与外面不能直接接通。

（3）运行风机，启动电流及工作电流、噪声、振动应符合产品说明书的规定。安装时吹淋室底部与地面之间垫有减振垫，能够起到良好的减振作用，而振动则会破坏吹淋室与洁净室的密封连接。必要时做微振检测。

（4）空气吹淋室在吹淋过程中，两门均不能打开。进入洁净室必须经过吹淋，由洁净室出来则不吹淋。

（5）风机与电加热器应连锁，风机不启动，电加热器不能通电。

（6）检查和调整喷嘴型或条缝型喷口的方位、扫描范围和风速应符合产品说明书的规定。风速测量为最后工序，测量时可拆去临时过滤装置，但测量人员应穿洁净工作服操作。测量仪器用热球风速仪。

（7）吹淋时间能够按产品说明书进行调整。

试运行调试之后要再次检查吹淋室与围护结构的连接和密封。

净化空调系统中带风机的设备还有送风单元、风机过滤器（FFU）和带风机的气闸室等。气闸室应与回风系统一起试运行，两门的连锁应符合要求。风机过滤器是系统的末端装置，带有高效过滤器，其安装与高效过滤器的要求和时间相同。送风单元的静压箱内也要安装高效过滤器，且新、回风口装有中效过滤器，试运行时应在中效过滤器前安装临时过滤器对中效过滤器加以保护。高效过滤器应在试运行之后安装，并按规定进行检查和检漏。风机试运行之前和运行中应按规定进行电气、机械等方面的检查并符合设备技术文件规定，试运行时间无规定时应不少于2h。

2. 高效过滤器检漏

高效过滤器（B、C、D类）出厂前经过检漏并严密包装，安装前查看检测记录，如果安装前需抽检，应安装试验系统，做好过滤器的洁净保护，并让过滤器在接近设计风量的条件下进行检漏，测试方法与安装后检漏相同。安装后检漏在系统试运行过程中进行。系统试运行前也应在进风口处设置临时过滤器，减轻系统过滤器的负担。安装和检漏可以参照以下步骤：

（1）高效过滤器安装前要求对洁净室和净化空调系统清扫擦拭，清扫用配有超净滤袋的高真空吸尘器。

（2）启动系统运行12h以上完成清吹工作，如果系统因未装高效过滤器而断开时，应使用清洁的镀锌钢板临时风管连接断开处。

（3）再次对洁净室清扫擦拭。然后对高效过滤器开箱检查，合格后立即安装。安装后要再次对过滤器检漏。

高效过滤器应在洁净室外开箱，对密封内包装擦拭后进入洁净室。过滤器外观检查箱体框架不得有变形、锈蚀，滤芯不得有漏胶和破损。其框架承压面或刀口端面应平整，合格后按照设计的密封方式安装定位。

高效过滤器的检漏，应使用采样速率大于1L/min的光学粒子计数器。D类高效过滤器宜使用激光粒子计数器或凝结核计数器。采用粒子计数器检漏时，其上风侧应引入均匀浓度的大气尘或含其他气溶胶尘的空气。对大于等于 $0.5\mu m$ 的尘粒，浓度应大于或等于 $3.5\times10^5 pc/m^3$；或对大于或等于 $0.1\mu m$ 尘粒，浓度应大于或等于 $3.5\times10^7 pc/m^3$；若检测 D 类高效过滤器，对大于或等于 $0.1\mu m$ 的尘粒，浓度应大于或等于 $3.5\times10^9 pc/m^3$。如果上风侧浓度达不到要求，则引入不经过滤的空气。

高效过滤器的检测采用扫描法，即在过滤器下风侧用粒子计数器的等动力采样头，放在距离被检部位表面 20~30mm 处，以 5~20mm/s 的速度，对过滤器的表面、边框和封头胶处进行移动扫描检查。在移动扫描检测过程中，应对计数突然增大的部位进行定点检验。发现渗漏部位时，可用过氯乙烯胶或硅胶等密封胶堵漏。当同一送风面上安装有多台过滤器时，在结构允许的情况下，宜用每次只暴露一台过滤器的方法进行测定。当几台或全部过滤器必须同时暴露在气溶胶中时，应使所有过滤器正前方上风侧气溶胶尘均匀混合。将受检高效过滤器下风侧测得的泄漏浓度换算成穿透率，高效过滤器不得大于出厂合格穿透率的 2 倍；D 类高效过滤器不得大于出厂合格穿透率的 3 倍。

由于高效过滤器检漏要求测试风速接近设计风速，因此建议检漏安排在净化空调系统风量调整之后进行。

五、单元式空调机试运行

单元式空调机将冷热源、加湿设备、过滤器、电气与自动控制系统、风机，甚至消声器等组装在一个箱体内（大型机组也有分两至三段的）。根据机组是否使用冷却水，可分为水冷式和风冷式，风冷式机组有更大的灵活性。安装位置可以是室内、室外或屋顶。例如小型分体风冷柜式机可分为室内机和室外机安装；而屋顶式机组因安装在屋顶而得名，属大、中型机组，设备可分成压缩冷凝段、蒸发送风段（或蒸发、送风段）运抵现场组装，通过风管将处理后的空气送入空调房间。由于单元式空调机组有结构紧凑、占地面积小、安装和使用方便等优点，已被广泛用于各种中小型空调系统中。根据其功能和使用特点，典型的有风冷热泵机组、恒温恒湿机组、净化空调机组等等。

机组出厂有充制冷剂和充氮气两种方式。大、中型机组现场安装后的试运行可以是安装单位，也可以由厂家派人完成。这类机组可作为单机单独试运行，但属于联动试运行性质。以水冷式充氮机组为例，机组试运行之前主要应做以下工作：

（1）完成电气与控制系统的检查调试工作，保证机组启动顺序和连锁正确。

（2）完成冷却水系统试运行调试工作。

（3）检查制冷系统氮气压力，如果表压为零，说明氮气已漏光，试压检漏应仔细找出泄漏点。

（4）按规定压力用干燥的氮气或压缩空气对制冷系统进行吹扫；并对制冷系统进行严密性和真空试验。

（5）充注制冷剂并作检漏试验。

（6）完成润滑系统准备工作。

机组试运行调试操作程序应依据设备技术说明文件，也可参考第三章至第五章的相关内容。由于这类机组机外余压不大，有时会设计使用串联加压风机箱（如图 5-5 所示）或末端风机过滤器（如图 5-6 所示）克服系统阻力。机组试运行时风机送风对风管有吹扫作用。对净化空调系统，为防止灰尘吹入加压风机箱污染中效过滤器，宜将吹出口先通向大气。风管较短时要在连接前人工擦拭干净,新、回风口加临时过滤器以减轻初、中效过滤器的负担。当机组在吹出口通大气时,或系统未安装高效过滤器时试运行,要注意防止电流过大烧坏风机电机。

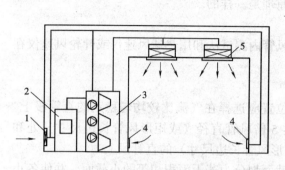

图 5-5 串联加压风机箱系统
1—新风口；2—空调机；3—加压风机箱；
4—回风口；5—高效过滤器送风口

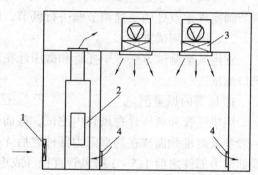

图 5-6 末端风机过滤器系统
1—新风口；2—空调机；3—高效
过滤器风机；4—回风口

第二节 空调风系统风量测定与调整

空调风系统风量测定与调整的目的是检查系统和各房间风量是否符合设计要求。内容包括送风量、新风量、回风量、排风量，以及房间压差和气流速度等。一般自然环境与空调环境温差不大，空气密度影响可以忽略不计，因此，风系统风量测定与调整可以在不开启冷热湿处理设备的情况下独立进行。

一、风量调整原理

根据流体力学原理，风管系统内空气的阻力与风量之间存在如下关系：

$$\Delta P = KL^2 \tag{5-6}$$

式中 ΔP——风管系统的阻力，Pa；

L——风管内风量，m³/s；

K——风管系统的阻力特性系数。

就某一段风管而言，它的 K 值是与空气的密度、风管直径、风管长度、摩擦阻力系数和局部阻力系数等有关的常数。

如图 5-7 所示有两根支管的风管系统，其阻力分别为：管段 1：$\Delta P_1 = K_1 L_1^2$；管段 2：$\Delta P_2 = K_2 L_2^2$。由于两根支管风量通过 C 点风阀调节，A 点的压力是一定的，因此两支管的阻力应相等，并满足 $P_A = K_1 L_1^2 = K_2 L_2^2$。由此可得：

$$\frac{L_1}{L_2} = \sqrt{\frac{K_2}{K_1}} \tag{5-7}$$

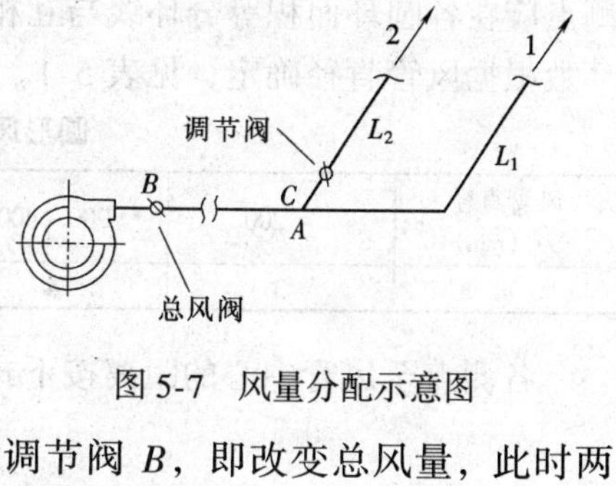

图 5-7 风量分配示意图

如果保持 2 号支管 C 处的调节阀不动，仅改变总调节阀 B，即改变总风量，此时两支管的风量随之改变为 L_1' 和 L_2'，但是比例关系仍保持不变，满足：

$$\frac{L'_1}{L'_2} = \frac{L_1}{L_2}\sqrt{\frac{K_2}{K_1}} \qquad (5\text{-}8)$$

只有调节 2 号支管 C 点的调节阀时，才能使两支管的风量比例发生变化。把 C 点处调节阀换成 A 点处的三通调节阀进行调节，原理是一样的。

二、风量测试方法

常用风量测试方法有毕托管和微压计在风管内测试法和用热球风速仪或叶轮风速仪在风口测试法。

1. 风管内风量测定

用毕托管和微压计在风管内测试，截面位置应选择在气流比较均匀稳定的直管段上。一般要求测量截面选在局部阻力部件之后 4~5 倍风管直径（或矩形风管长边尺寸）处和局部阻力部件之前 1.5~2 倍风管直径（或矩形风管长边尺寸）的直管段上。

在矩形风管内测量平均风速，应将风管截面划分为若干面积相等的小截面，并使各小截面接近正方形，其面积不大于 0.05m² （即每个小截面的边长为 220mm 左右）。测点即各小截面的中心点，见图 5-8（a）。

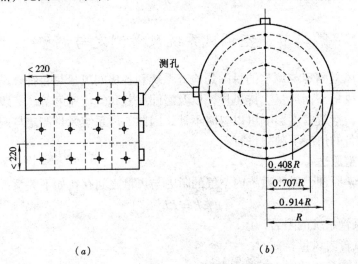

图 5-8 风管测点布置图

在圆形风管内测量平均风速时，应将风管截面先划分为若干个面积相等的同心圆环，测点应在各圆环面积等分线与互相垂直的两条直径的交点上，如图 5-8（b）。划分的圆环数根据风管直径确定，见表 5-1。

圆形风管截面测量环数 m 划分表　　表 5-1

风管直径 D（mm）	<200	200~400	400~600	600~800	800~1000	>1000
m	3	4	5	6	8	10

各测点至风管中心的距离按下式计算：

$$R_n = R\sqrt{\frac{2n-1}{2m}} \qquad (5\text{-}9)$$

式中　R——风管的半径，mm；

R_n——从风管中心到第 n 环测点的距离，mm；

n——从风管中心算起的圆环顺序；

m——风管划分的圆环数。

实际测量时，为方便起见，可将计算的距离换算成测点至管壁的距离。先测出各小截面动压，然后用下式计算平均动压：

$$P_{dp} = \left(\frac{\sqrt{P_{d1}} + \sqrt{P_{d2}} \cdots \sqrt{P_{dn}}}{n}\right)^2 \tag{5-10}$$

式中　　　　　P_{dp}——平均动压，Pa；

P_{d1}、$P_{d2}\cdots P_{dn}$——各测点的动压值，Pa；

n——测点数。

测定中如果动压值出现零和负值，负值做零处理，测点数 n 仍包括动压为零和负值在内的全部测点。各测点动压值相差不大时，可采用算术平均值。风管内平均风速和风量按公式（5-3）、（5-4）计算。

2. 风口风量测定

用热球风速仪或叶轮风速仪在风口测风量，同样应将风口划分为若干个面积相等的小区。用叶轮风速仪时可将风口划分为边长约等于 2 倍风速仪直径、面积相等的小区，逐个测小区中心的风速，然后按算术平均值计算平均风速：

$$v = \frac{v_1 + v_2 + \cdots + v_n}{n} \tag{5-11}$$

式中　　　　　v——平均风速，m/s；

v_1、$v_2\cdots v_n$——各测点风速，m/s；

n——测点数。

按下式计算风口风量：

$$L = Kv\frac{(F_w + f)}{2} \tag{5-12}$$

式中　L——风口风量，m³/s；

F_w——风口轮廓面积，m²；

f——风口有效面积，m²；

K——修正系数，送风口取 0.96~1.00，回风口取 1.00~1.08。

另一种计算方法是：

$$L = 3600 F_w v k \tag{5-13}$$

式中 F_w、v 含义不变，k 是考虑格栅等影响引入的修正系数，取 0.7~1.0，但要由实验确定。

用热球风速仪测量时宜将风口划分为边长约等于 150~200mm、面积相等、接近正方形的小区，将探头置于小区中心测量。但是热球风速仪会因电池电量不足等原因引起误差，测量中要给予重视。无论用热球风速仪还是叶轮风速仪，测点均不宜少于 5 个。测带有网格的风口或散流器风口时，可以加 500~700mm 的辅助风管。图 5-9 是一种简易连接法，辅助风管上端用厚帆布套将风口相接缝密封。测量时先将仪器探头沿辅助风管风口平面移动，如果发现风速分布不均匀可适当增加测点。大多数情况下辅助风管阻力占系统总

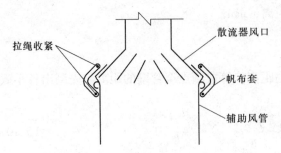

图 5-9 辅助风管连接示意图

阻力比例很小,风量为辅助风管截面积与平均风速的乘积,可不必修正。另外也可以购买风量罩进行测量,风量罩一般带有与计算机相连的接口,便于数据收集和处理。

三、风口风量调试

空调系统工作的最终目的是将处理后的空气通过风管和送风口分送到各个房间,调节各送风口的送风量使之符合设计要求是风量调试的首要任务。下面介绍常用的"流量等比分配法"和"基准风口调整法"。

1. 流量等比分配调整法

"流量等比分配调整法"直接利用公式(5-8)。可以在风口支管上打孔用毕托管和微压计测量;也可用热球风速仪或叶轮风速仪在风口测量。一般应先从最远风口支管开始,逐步调向离送风机最近的支管。如图 5-10,先测出支管(或风口)1 和 2 的风量,并利用其三通调节阀 C 调整 1 和 2 的风量,使其 1、2 的实测风量比值与设计风量比值近似相等。例如设计要求 1、2 的设计风量为 1000 和 600m³/h,比值为 5:3。调整时 1、2 的实际风量不能一次调到设计值,但可以调到使 1、2 的风量比等于 5:3。然后调整三通阀 B,1、2 的风量将变化,但风量比保持不变,使 3 与 1、2 的风量比和设计风量比近似相等。用同样的方法可以调整 4、5、6 号支管(或风口)。再调整三通阀 A,使上下风管各支管(或风口)的风量比与设计风量比近似相等。最后调整总风阀,只要总风管中的风量达到设计值,如果沿风道输送又没有大的风量漏损,那么各支干管、支管和风口的风量就会按设计的比值进行分配。

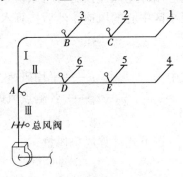

图 5-10 风量调试示意图

2. 基准风口调整法

"基准风口调整法"是将公式(5-8)变换为下式运用:

$$\frac{L'_1}{L_1} = \frac{L'_2}{L_2}$$

同样对图 5-10,设各风口设计风量为 L_s,测试风量为 L_c。将 L_s 和第一次测试的 L_c 数值记录到预先编制的风量记录表中,并且计算每个风口 L_c 与 L_s 的比值。调整可以选择各支干管上比值最小的风口作为基准风口,也可以选各支干管上最远的风口作为基准风口。初调的目的是使各风口的实测风量与设计风量的比值近似相等。在图 5-10 系统中的 I 号支干管上,以 1 号为基准风口,用两套仪器同时测量 1 和 2 号风口的风量,调节三通阀 C,使 1、2 风口风量近似满足:

$$\frac{L_{c1}}{L_{s1}} \approx \frac{L_{c2}}{L_{s2}}$$

1 号风口的仪器可以不动,将另一套仪器移至 3 号风口,调三通阀 B,经调整后在新的风量平衡条件下,使 1、2、3 号风口风量近似满足:

$$\frac{L_{c1}}{L_{s1}} \approx \frac{L_{c2}}{L_{s2}} \approx \frac{L_{c3}}{L_{s3}}$$

用同样的方法可以调整 4、5、6 号风口。最后在 Ⅰ、Ⅱ 两支干管上各选出一个基准风口，调整三通阀 A 使两风口实测风量与设计风量的比值近似相等。

经过以上的调整，只能使各风口及各支干管的实测风量与设计风量的比值近似相等。这时各风口的风量并不等于设计风量。但是，同样只要将总干管 Ⅲ 的风量调整到设计风量值，由于管段中各三通调节阀的位置不再改变，各支干管和各风口的风量将会同时达到设计风量。

要说明的是，使用毕托管和倾斜式微压计需要在风管上打测孔，测高位置风管时操作不方便，微压计不易调水平。另外，实验发现当风管内风速 <5m/s 时，读数误差占总测值的比例可能超过 10%。这就限制了毕托管和微压计的使用。再者，向大厅送风的空调系统，往往是在支干管上开孔直接安装散流器，风量通过散流器喉部调节阀调节，这种方式也无法使用毕托管和微压计。如果各风口规格和风量都相同，根据风量与风速成正比的关系，在调节风口风量平衡时，用热球风速仪或叶轮风速仪贴风口平面测风口中心风速，用风速替代风量进行分析比较，可以加快调整速度。

空调系统风量调整完毕后，应将各调节阀的手柄用油漆涂上标记，将风阀位置固定。并只能由指定人员管理阀门的开启及调整，其他人员不得随意改变阀门位置。否则，一旦阀门位置改变了，整个系统的风量平衡就会受到破坏，各风口送风量就不能达到设计风量。这一点必须重视。

四、系统风量测试

空调系统风量测试与调整要根据工程实际和经验合理安排操作程序。普通舒适性空调系统建议按以下步骤进行：

（1）完成各送风口风量平衡调节工作，这时各送风口风量可能并不等于设计值，但调定的阀门位置不能改变。

（2）空调系统风量测试与调整时，房屋门窗关闭应与空调系统实际工作状态接近。有回风机的双风机系统，系统风量测试与调整要同时运行送、回风系统，否则测试与调整会产生较大误差。

（3）测试和调整新风量、送风量、回风量、排风量。空调机出口总风管测得总送风量略大于各房间送风口实测风量之和；各房间回风口实测风量之和略小于回风机吸入口测得回风量；新、回风量之和近似等于总送风量。如果相差超过 10%，说明风管或空调机组存在较大的漏风，要仔细检查。

（4）调整后系统总送风量的调试结果与设计风量的偏差不应大于 10%，风口实测风量与设计风量的偏差控制在 15% 以内，如果部分风口偏差较大，可做局部调整。如果系统总风阀基本全开，但总送风量仍大于或小于设计风量 10% 以上，排除漏风等其他原因后，主要可能是系统设计计算阻力大于或小于实际阻力。对总送风量偏小的问题，可以采取减小系统阻力的措施；总送风量偏大时可以关小总风阀，但空气被节流会产生噪声。

（5）让系统分别稳定在最大新风量和最小新风量位置，新风量和回风量比例要符合设计规定。新风量比例偏大，会增加空调机的新风负荷；回风量过大会阻挡新风进入系统，使室内空气品质变差。图 5-11 是某商场一台空调机组的回风、排风、新风和送风的实际测量值。可以看出，其新风管实际变成了排风管。室内无新风送入，并使得送风量小于回风量，室内形成较大负压，商场大门处有大量新风涌入，机组新风负荷增大。空调系统这种工作状态，在最初的系统风量测试中是应该被发现的。对回风量过大的问题，可以通过适当增大回风机皮带轮直径，减小回风机转速来解决。

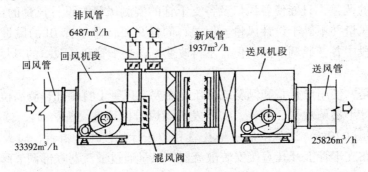

图 5-11 空调机组风量失调示意图

在测试调整过程中如果需要改变系统或设备部件，施工单位应与建设和设计单位协商解决。施工单位的合理化建议，应由施工单位提出技术问题核定单，经设计和建设单位同意后方可施工，施工单位不得擅自处理。

五、净化空调系统风量测试与调整

洁净空调系统的风量测试与调整在安装高效过滤器之后的试运行过程中进行。

1. 风量测试与调整前的工作

净化空调系统在风量测试与调整前应按照工艺顺序先完成以下工作：

（1）全面清扫擦拭洁净室和净化空调系统设备，完成初、中效过滤器检查和安装。

（2）试运行与管道吹扫。根据工程实际情况，风管可先分段吹扫，如新风机组试运行与新风管道吹扫，回风机试运行与回风管道吹扫等，吹出空气应先排向室外。

（3）全系统试运行与管道吹扫，然后再次清扫擦拭洁净室和洁净空调系统设备。此时的最后一次擦拭及以后的工序应穿洁净工作服操作。

（4）检查和安装高效过滤器，减漏合格后进行风量测试与调整。

2. 风量测试与调整

净化空调系统风量调整原理与普通舒适性空调相同。风量测试时要拆去临时过滤装置。对非单向流洁净室，采用风口法或风管法确定送风量，做法如下：

（1）风口法是在安装有高效过滤器的风口处，根据风口形状连接辅助风管进行测量。即用镀锌钢板或其他不产尘材料做成与风口形状及内截面相同、长度等于2倍风口长边长的直管段，连接于风口外部。在辅助风管出口平面上，按最少测点数不少于6点均匀布置，使用热球式风速仪测定各测点的风速。以风管截面平均风速乘以风口净截面积求取测定风量。

（2）对于风口上风侧有较长的支管段，且已经或可以钻孔时，可以用风管法测定风量。测量断面与后面下游侧的局部阻力部件距离应大于或等于3倍管径（或长边长度）；与上游侧的局部阻力部件距离应大于或等于5倍管径（或长边长度）。对于矩形风管，要将测定截面分割成若干个相等的小截面。每个小截面尽可能接近正方形，边长不应大于

200mm，测点位于小截面中心，但整个截面上的测点数不宜少于3个。对于圆形风管，应根据管径大小，将截面划分成若干个面积相同的同心圆环，每个圆环测4点。根据管径确定圆环数量，且不宜少于3个。布点可参考图5-8和表5-1。

（3）对于单向流洁净室，采用室截面平均风速和截面积乘积的方法确定送风量。以离高效过滤器0.3m，垂直于气流的截面作为采样测试截面，截面上测点间距不宜大于0.6m，测点数不应少于5个，以所有测点风速读数的算术平均值作为平均风速。

净化空调系统的总风量调试结果与设计风量的允许偏差为0~20%，只能偏大，但不能超过20%。室内各风口风量与设计风量的允许偏差为±15%。新风量与设计新风量的允许偏差为±10%。

第三节 空调系统无负荷联合试运行与调试

空调系统在设备单机以及各子系统试运行与检测调试合格以后，要进行无生产负荷的联合试运行及调试（简称系统无负荷试车）。对子系统试运行要求最后完成水系统水量初调节；控制系统完成模拟及联动调试；制冷系统完成试运行；风系统完成风量调整。空调系统无负荷联合试运行及调试的目的是使系统工作符合设计要求，同时也检查设计、制造和安装的质量，这是一项非常复杂的技术工作，可能会遇到各种各样的问题，因此要求参与者具有空调、制冷、热工测试和自动控制等方面的知识与经验。

由于空调系统组成和控制方式的多样性，以及季节不同时空调要在不同工况阶段工作，因此无负荷联合试运行与调试也不会有完全统一的程序。下面以集中式一次回风系统为例，介绍夏季工况时试运行与调试的基本过程。

一、冷却和加热装置性能测定

自动控制系统的连锁和监控仪表投入使用，自动调节控制部分置于"手动"位置。依次启动送风、回风、排风系统、冷却水系统、冷冻水系统、制冷系统等子系统，仔细观测各子系统设备工作情况，要求运行正常。稳定后依次完成以下工作：

1. 冷却装置性能测定

（1）喷水室喷水量测定。

利用喷水室底池中水位变化测量喷水量，其计算公式为：

$$W = \frac{3600}{\tau} F \Delta h \tag{5-14}$$

式中　W——喷水量，m^3/h；

　　　F——喷水室底池水平横截面积，m^2；

　　　Δh——测定时间内底池水位变化高度，m；

　　　τ——测定时间，s。

喷水室喷水量应在设计压力下测定，可以提前在冷冻水系统初调试中完成。

（2）喷水室容量测定。

在喷水室前挡水板前40~100mm和后挡水板后100~200mm处（露点控制在露点敏感元件截面）分别布置若干测点，用分度0.1℃的水银干、湿球温度计和热球风速仪测量空气干、湿球温度和风速。由于受新、回风混合不均匀和喷水室内水雾不均匀的影响，测量截面上温度和风速可能也会很不均匀，因此应将测量截面分为面积相等的若干小区，在小区中心测量。一般先测风速，每点 2~4 次，取平均值作为该点读数。保持风量、风速和测点不变，用干、湿球温度计测温度，每点 4~6 次，隔 5~10 分钟读取一次，取平均值作为该点读数。以各点风速平均值计算截面风量，喷水室前后截面风量的平均值为通过喷水室的风量。由各点干、湿球温度平均值确定该截面空气的焓值。测量时，挡水板后的干、湿球温度计的温包均要防止冷水滴飞溅，可以用锡箔罩遮挡。如果露点敏感元件安装位置的温度与该截面平均温度有较大偏差，会影响室内空气状态的调试工作，要注意在整定值中给予修正。

喷水室冷量计算公式：

$$Q = L\rho (i_1 - i_2) \tag{5-15}$$

式中　Q——喷水室的冷量，kW；
　　　L——通过喷水室的风量，m³/s；
　　　ρ——喷水室前、后空气密度的平均值，kg/m³；
　　　i_1、i_2——喷水室前、后空气的焓值，kJ/kg。

也可以通过测定冷媒的得热量估算喷水室冷量：

$$Q = WC(t_{\omega 2} - t_{\omega 1}) \tag{5-16}$$

式中　W——通过喷水室的水量，kg/s；
　　　C——水的定压热容，在常压下 $C = 4.19$ kJ/(kg·℃)；
　　　$t_{\omega 1}$，$t_{\omega 2}$——进、回水的温度，℃。

喷水室进水温度可以用热电偶温度计插入喷嘴孔内测量，回水温度直接测底池水温。同时用两种方法作比较测试时，由公式（5-15）和（5-16）的结果相差应不超过 10%，否则应分析偏差原因。如果各测点风速很不均匀，截面平均温度可按下式计算：

$$t_p = \frac{\Sigma v_i t_i}{\Sigma v_i}$$

式中　t_p——截面平均温度，℃；
　　　v_i——各测点平均风速，m/s；
　　　t_i——各测点平均温度，℃。

为配合控制系统分析与调试，还可加阶跃干扰，测定时间常数和滞后时间等参数。

(3) 表冷器的容量测定。

如果系统采用表冷器，其冷量测定和计算与喷水室相同。在表冷器前后测量空气状态或在进、回水管上测水温，然后用公式（5-15）或（5-16）计算容量。在进、回水管上测定水温，应在进、回水管道上的测温套管中分别插入分度值为 0.1℃ 的同量程温度计，并在套管中注入机油导热，保证测量的准确性。水流量用水系统上安装的流量计测量。如果系统建有回水池，也可以用公式（5-14）测量计算水流量。

在对冷却装置进行冷量测定时，室外实际状态 W' 与设计状态 W 会有偏差，即测定时室外空气的焓值 $i'_w \neq i_w$。并且工程尚未投入运行，室内热、湿负荷没有达到设计工况，实际热湿比与设计值也不一样。对非直流式系统，可调节一次混合比使空气混合后的焓等于设计值，并用设计条件下的水量和水温处理空气，如果空气终状态的焓也接近设计工况下的焓值，即说明冷却装置的冷量能达到设计要求。对于新风系统，则需要通过测定空气失热量和水量及水的初、终温度，推算冷却装置的最大冷量。

2. 加热器容量测定

加热器容量测定应该在冬季工况下进行，加热器在夏季工况下要尽量创造低温环境（如利用夜间室内热负荷较小时，将空气用冷却装置预冷等）。测定时，空气加热器旁通门关闭，热媒管道阀门全开。待运行稳定后测量空气的初、终温度和热媒初、终温度。热媒为蒸汽时可以从压力表读取蒸汽压力，查表确定蒸汽温度；热媒为热水时，可以用温度计在进、回水管道上的测温套管中测量。无测温套管时，也可以在靠近进、回水口的管道外表面用绝热材料将热电偶紧紧包在管壁上测量，这时管壁表面应除去油漆和污物，并用砂纸磨光。空气通过加热器得到的热量，可用下式计算：

$$Q = L\rho C_p (t_2 - t_1) \tag{5-17}$$

式中　Q——实测加热器对空气的加热量，kW；
　　　L——经过加热器的空气量，m³/s；
　　　ρ——在测量侧温度下的空气密度，kg/m³；
　　　C_p——空气的定压比热，kJ/(kg·℃)；
　　　t_1、t_2——空气进、出加热器的实测温度，℃。

如果使设计工况与测定工况的风量和热水流量相等，可用下式（5-18）推算设计条件下的加热器加热量：

$$Q_s = Q \frac{(t_{cs} + t_{zs}) - (t_{1s} + t_{2s})}{(t_c + t_z) - (t_1 + t_2)} \tag{5-18}$$

式中　Q_s——加热器设计条件下的加热量，kW；
　　　t_{cs}、t_c——设计条件与测定条件下热媒初温，℃；
　　　t_{zs}、t_z——设计条件与测定条件下热媒终温，℃；
　　　t_{1s}、t_1——设计条件与测定条件下空气初温，℃；
　　　t_{2s}、t_2——设计条件与测定条件下空气终温，℃。

对蒸汽加热器，也可以导出类似公式。温度计在加热器前后放置时，要设置防辐射罩。测定空气处理设备的最大容量，可以判断设备能否满足空调全年运行的要求，以便排除容量不足的问题。

二、空调系统自动控制局部调试

空调系统自动控制局部调试要求设备和控制人员互相配合。现以一次回风定露点空调系统为例，介绍调试的基本方法。

1. 夏季工况露点调试

让冷冻水温度达到设计值，保持新、回风比例不变。手动控制调节喷水室给水电动调节阀，使露点温度接近设定值，然后切换到自动控制状态，可以用温度自动记录仪记录露点温度变化曲线，检查露点温度能否稳定在设定范围内或建立衰减调节过程。调节中可能发生以下情况：

（1）系统失调。露点温度变化一直偏离设定值的上限或下限而不能回到设定值范围内，产生这种情况的原因是喷水温度偏高或偏低，这时三通调节阀的冷冻水路或是全开，或是全关，已无法调节。分析原因时先检测冷冻水温度是否偏高或偏低，供水量是否不足或过量，如正常就应检查电动调节阀是否卡住，行程限位设置是否正确。

（2）露点温度产生等幅振荡，如同双位调节一样，调节阀时开时关动作频繁，会加速机械磨损，也影响后面系统的调节，这是必须克服的。对P（比例调节）或PI（比例积分调节）调节系统，可适当加大比例带和增大积分时间；当因保护套管使敏感元件的热惯性过大时，也可能会引发振荡，可在套管上钻一些小孔，设法减小敏感元件的时间常数和延迟；另外，控制器的不灵敏区过小和电动三通阀补偿速度过快也是可能引发振荡的因素。对加有脉冲开关的电动三通阀，应先在通断比方面下功夫调整，以求获得合适的通断比。

（3）非周期过程。产生这种现象的原因主要是脉冲开关的通断时间调节得不合适，接通时间太短，电动调节阀的补偿速度太慢。此时如果露点温度变化曲线的最大值和调节时间不超过允许范围，则可不需进行调整，否则可调整脉冲开关的通、断时间使之达到要求。

在系统能正常调节运行之后，应对系统进行加干扰后的调节品质实验。在系统正常调节状态，突然适当升高冷冻水温度，系统调节可能使露点温度建立衰减调节过程，并稳定在设定范围内，这说明系统抗干扰能力强。但也可能产生失调，其原因可能是因冷冻水升温过高，或调节阀行程限位设置不当。

2. 冬季工况露点调试

冬季工况的露点测试调整与夏季工况调整相似，先手动调节一次加热量维持露点温度的稳定，然后采用自动调节方式。露点温度应能稳定在设定值范围或建立起衰减过程。如果产生失调、等幅振荡或非周期过程，则应查明原因，采取措施进行处理。影响冬季工况露点调节品质的主要因素是控制器的不灵敏区、传感器的热惯性和执行调节机构（电动双通调节阀）的调节速度及流量特性等，若不合适就会造成调节系统的失调或等幅振荡。

在冬季工况露点调节过程中，其扰动主要来自一次加热的热源（如加热蒸汽压力的波动，热水加热器的热水温度变化等）。在施加扰动进行测试时，可将一次加热器的手动调节阀关小，使一次混合空气的温度突然发生变化，以考核露点自动调节系统的抗干扰能力。

3. 过渡季工况露点调试

在进行过渡季工况露点的试验调整时，首先用手动方式调节新风与一次回风混合比，使露点温度接近设定值，之后将自控系统投入运行进行检测。在过渡季调节中，新风温度的变化是调节过程中扰动的主要来源，但不是影响调节品质的主要因素。影响调节品质的主要因素则是调节风阀的流量特性和漏风。

4. 二次加热系统调试

在露点温度和二次加热器供热水温度稳定在一定范围的条件下，手动调节使二次加热器后的空气温度接近设定值，然后将二次加热器转入自动控制。

当电动调节阀在全关位置，加热器后风温仍高于设定值，则系统失调。其原因可能是露点温度偏高，电动阀门的下限位开关位置不对造成阀门漏水及加热器水温过高等。针对这些情况，应具体分析调整。当电动调节阀移到全开位置时，加热器后风温仍低于设定值，系统亦为失调。其原因可能是露点温度和加热器供水温度偏低，或上限位开关使阀门未能真正全开。这也要视具体情况，有针对性地进行调整。如果系统产生振荡，调整可参照露点系统的分析和调整方法进行。

二次加热系统加干扰的调节品质实验分为两步。首先使露点温度和二次加热系统正常运行，然后突然减小供热量（如降低供热水温度），测量二次加热器后风温过渡过程，直到重新稳定后实验结束。其次是使露点温度稳定，二次加热器处于正常工作状态，然后突然改变露点温度，测量二次加热器后风温过渡过程，待风温重新稳定后试验结束。在上述试验中，如果系统能够很快自动消除偏差，产生一衰减的振荡过程，则说明系统抗干扰能力较强。如果系统产生失调，则说明热水温度偏高或偏低，或者执行机构限位开关位置不当，应进行调整。

5. 室温系统调试

室温系统调试在上述系统调试正常后进行，调试方法与二次加热系统调试相似。调试前应使精加热器前的风量和送风温度达到设计值。手动调节加热器使室内空气温度接近设定值，然后将室温自控系统投入运行。由于室温调节仪表多为小量程，对室温系统加干扰要控制干扰的大小，室温变化超出仪表量程对仪表不利。

三、空调系统自动控制运行切换

自控系统投入运行的过程就是由手动到自动的切换过程。下面介绍定露点控制系统夏季工况切换步骤：

1. 露点控制运行切换

让冷冻水给水达到设计温度，将新、回风比调为现阶段设计值。手动控制调节喷水室或表冷器给水电动调节阀，使露点温度接近设定值。当偏差很小并稳定一段时间后，在无扰动条件下将露点控制切换到自动控制状态。如果露点温度能稳定在设定值附近，偏差很小，则不再调整。如果始终偏高或偏低，要根据具体情况消除失调现象。

2. 送风控制运行切换

在露点温度稳定一段时间后，调节后加热器的加热量，使空调机组出口送风管内温度接近设定值，然后将其切换到自动控制状态。

3. 室温控制运行切换

调节精加热器的加热量，使空调室内温度接近设定值，然后将室温控制切换到自动控制状态。如果系统无精加热器，则调节后加热器的加热量，使空调室内温度接近设定值并完成室温控制切换。

在室内温度稳定一段时间后，可将其他控制调节系统切换到自动控制状态，全面检查整个空调系统的运行与自动调节状况。

调试往往很难一次成功，有时会反复多次，不断发现和排除各种问题，才能使空调系统在自动控制状态运行达到设计要求。在调试过程中要详细记录检测数据，最好能绘制描述空气处理过程的 i-d 图。以夏季为例，一般应记录的数据有：

（1）进出空调机组的冷冻水量和水温；

(2) 室外新风状态 W 点；
(3) 室内（回风口处）状态 N_1 点；
(4) 机组回风机后回风状态 N_2 点；
(5) 新回风混合状态 C 点；
(6) 机器露点 L 点；
(7) 后加热器后状态 O_1 点；
(8) 室内送风口状态 O_2 点。

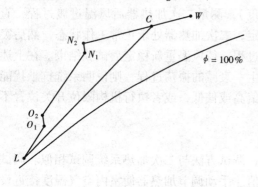

图 5-12 系统调试过程分析图

如图 5-12，由 W 点和 N_1 点可以判定空调工况阶段；N_1、N_2 线反映回风机和回风管温升；O_1、O_2 线反映送风机和送风管温升；LO_1 线反映喷水室过水量；根据检测数据和 i-d 图可以帮助分析问题所在。必要时修正控制器设定值。空调系统带冷（热）源的正常联合试运行不应少于 8h，当竣工季节与设计条件相差较大时，仅做不带冷（热）源试运行。

空调系统不带负荷的室内温、湿度测定调整，气流组织与压差测定调整，以及噪声测定等，可以参看第四节综合效能的测定等内容。

第四节 竣工验收与空调系统综合效能测定

一、竣工验收

空调工程的竣工验收，是在工程施工质量得到有效监控的前提下，施工单位通过系统无负荷联合试运行与调试及观感质量的检查，工程质量合格后向建设单位的移交过程。

空调工程的竣工验收，应由建设单位负责，组织施工、设计、监理等单位共同进行，合格后办理竣工验收手续。

空调工程竣工验收主要有资料检查验收和工程观感质量的检查。应检查验收的资料有：

(1) 图纸会审记录、设计变更通知书和竣工图；
(2) 主要材料、设备、成品、半成品和仪表的出厂合格证明及进场检（试）验报告；
(3) 隐蔽工程检查验收记录；
(4) 设备、风管系统、管道系统安装及检验记录；
(5) 管道试验记录；
(6) 设备单机试运转记录；
(7) 分部（子分部）工程质量验收记录；
(8) 系统无生产负荷联合试运转与调试记录；
(9) 观感质量综合检查记录；
(10) 安全和功能检验资料的核查记录。

空调工程观感质量的检查项目和要求可以参阅验收规范及其他书籍。竣工验收依次审查检验批、分项工程、子分部工程资料和验收记录。建设、施工、设计、监理等单位都同意验收后，各单位项目负责人签字，监理单位由总监理工程师签字，并加盖单位公章，注明签字验收日期。同时形成书面文字的竣工验收报告。

二、空调系统综合效能测定

空调系统带负荷的综合效能试验的测定与调整由建设单位负责，设计、施工单位配合。试验测定与调整的项目，应由建设单位根据工程性质、工艺和设计的要求进行确定。下面介绍常规的测定与调整项目。

1. 室内温湿度测定

在自动控制全面投入运行，系统工作稳定后，可以测量室内温湿度。根据温度和相对湿度波动范围，选择相应的具有足够精度的仪表。温度计用量程 0~50℃、分度 0.1℃ 的水银温度计，高精度用 0.01℃ 的分度。相对湿度可用干湿球温度计或直接选用数字式温湿度计。

一般空调房间应选择人经常活动的区域布点，也可以只在回风口处测定，一般认为回风口处的空气状态基本上代表工作区的空气状态。对恒温恒湿房间，应在离墙 0.5m、离地面 0.5~2m 范围的水平面内事先选好一些代表点布置测点。如果希望了解整个工作区的空气状态是否均匀，可以测定不同标高平面上的温度，绘制平面温差图。在各标高平面上，再分为大小相等的若干小面积，并在小面积的中心布置测点。这样可以确定不同平面内区域温差值。当室内有集中热源时，应在其周围布置测点，以便了解集中热源对周围空气参数的影响。测定应每半小时或一小时进行一次，一般可连续测 8h。各敏感元件控制点处的平均温度为室内温度基数实测值。

洁净室布测点数参见表 5-2，只测一个水平面时，测点平面高度离地面 0.8m；也可以根据恒温区的大小，分别在离地不同高度的几个平面上布点。测点布置可选在送回风口、恒温工作区具有代表性的地点（如沿着工艺设备周围布置或等距离布置）、洁净室中心等处。应在洁净空调系统连续运行 24h 以后测量；每半小时进行一次，并连续测 8h 以上。

温、湿度测点数　　　　表 5-2

波动范围	室面积 ≤50m²	每增加 20~50m²
$\Delta t = \pm 0.5 \sim \pm 2.0℃$	5个	增加 3~5个
$\Delta RH = \pm 5\% \sim \pm 10\%$		
$\Delta t \leq \pm 0.5℃$	点间距不应大于 2m，点数不应少于 5个	
$\Delta RH \leq \pm 5\%$		

有恒温恒湿要求的洁净室。室温波动范围按各测点的各次温度中偏差控制点温度的最大值，占测点总数的百分比整理成累积统计曲线。如 90% 以上测点偏差值在室温波动范围内，为符合设计要求。反之，为不合格。区域温差以各测点中最低的一次测试温度为基准，以各测点平均温度与其偏差值统计点数，将占测点总数的百分比整理成累计统计曲线，90% 以上测点所达到的偏差值为区域温差，应符合设计要求。相对湿度波动范围可按室温波动范围的规定执行。

2. 压差的测定

有压差要求的房间、厅堂与其他相邻房间之间的压差，舒适性空调正压为 0~25Pa；工艺性空调和洁净室应符合设计的规定；相邻不同级别洁净室之间和洁净室与非洁净室之间的静压差不应小于 5Pa，洁净室与室外的静压差不应小于 10Pa。压差的测定与调整应注意室内的设计要求是正压还是负压，如生物安全实验室要求室内为负压，但一般空调房间多要求为正压。

测量一般空调房间压差之前，可以先试验一下房间内外压差状态。试验的最简便办法是将尼龙丝或点燃的香烟放在稍微开启的门窗缝处，观察其飘动的方向，飘向室外证明房间内是正压，飘向房间内则是负压。测量室内正压时，微压计放在房间内或室外均可，但微压计的低压端接管应与室外大气相通，从微压计上读取室内静压值，即是室内所保持的正压值。为了保持空调房间内的正压，一般是靠调节房间回风量大小来实现。在房间送风量不变的情况下，开大房间回风调节阀，就能减小室内正压值，反之就增大正压值。如果房间内有两个以上的回风口时，在调节阀门时应考虑到各回风口风量的均匀性。如果改变送风量，或同时改变送、回风量，都可以调节室内正压值并将其调为负压。对有气流组织要求的房间，调整宜在气流组织测定之前进行，并选择适当的调节方法，否则可能因压差调节使房间内的气流组织遭到破坏。当然，如果因气流组织的要求重新调整了送、回风口风量，室内外压差值也会改变。

洁净室静压差的测定必须在截面平均风速测定前进行。洁净室静压差的测定应在所有的门关闭的条件下，由高压向低压，由平面布置上与外界最远的里间房间开始，依次向外测定。采用的微压计灵敏度不应低于1.0Pa。

对有孔洞相通的不同洁净度等级的相邻洁净室，孔洞处用热球风速仪测量，应有从高等级室流向低等级室的风速，不应小于0.2m/s。

3. 室内气流组织测定

气流组织测定包括气流流型和速度分布测定。主要针对有设计要求的恒温精度高于±0.5℃的房间、洁净室、对气流组织有特殊要求的房间等。测点布置基本方法是：侧送风以送风口轴线和两个风口之间的中心线确定纵断面；沿房间全高确定水平面，间距0.5~1.0m，工作区取小值；垂直于送风口轴线，沿房间全长确定横断面，间距0.25~1.0m，靠近风口取小值，各平面交线之交点为测点。下送风纵、横断面都经过风口轴线或两风口之间的中心线，水平面与侧送风确定方法相同。也可以只选择有代表性的断面或按以下方法布点测量：

(1) 侧送风口：在纵断面布置测点，测点间距为0.25~0.5m，靠近送风口、顶棚、墙面和射流轴线处宜密一些。在水平面布置测点。在2m以下范围内选择若干水平面。按等面积法分区（通常分区面积为1m²）均匀布点测量。

(2) 下送风口：在纵、横断面（沿送风口轴线的两个相互垂直立面）和在2m以下范围内选择水平面布置测点，测点间距为0.5~1.0m。

(3) 对于垂直单向流洁净室选择纵、横断面各一个，以及距地面高度为0.8m和1.5m的水平面各一个；水平单向流洁净室则选择纵断面和工作区高度水平面各一个，以及距送、回风墙面0.5m和房间中心处等3个横断面，测量面上的测点间距为0.2~1.0m。对于非单向流洁净室，可选择通过有代表性送风口中心的纵、横断面和工作区高度的水平面各一个，断面上测点间距为0.2~0.5m，水平面上的测点间距为0.5~1.0m，沿两个风口之间的中心线宜设置剖面布置测点。

测定用发烟器或悬挂单丝线的方法逐点观察和记录气流流向，并在有测点布置的剖面图上标出气流流向，绘制气流流型图；用热球风速仪逐点测量和记录气流流速，绘制速度分布图。如果发现有不符合室内气流组织要求的现象，应分析其原因并加以处理。测定后应根据结果进行分析并给出评价报告。

4. 单向流洁净室截面平均速度、速度不均匀度测定

垂直单向流洁净室应选择距墙或围护结构内表面大于 0.5m、离地面高度 0.5~1.0m 作为工作区。水平单向流以距送风墙或围护结构内表面 0.5m 处的纵断面为第一工作面。测定截面的测点数应符合表 5-2 的规定。

测定风速应用测定架固定风速仪，以避免人体干扰。不得不用手持风速仪测定时，手臂应伸至最长位置，尽量使人体远离探头。风速的不均匀度 β_0 按式（5-19）计算，β_0 值不应大于 0.25。

$$\beta_0 = \frac{\sqrt{\frac{\Sigma(v_i - v)^2}{n-1}}}{v} \tag{5-19}$$

式中 v_i——任一测点的实测风速，m/s；
v——平均风速，m/s；
n——测点数。

单向流洁净室内截面平均风速的允许偏差为 0~20%，只能偏大，但不能超过 20%。

5. 洁净室洁净度测定

洁净室内洁净度的测量是为了确定洁净室达到的洁净度级别，应由专门检测认证单位承担。检测应在设计指定的占用状态（空态、静态、动态）下进行。使用采样量大于 1L/min 光学粒子计数器。所谓空态指洁净室的设施已经建成，所有动力接通并运行，但无生产设备、材料及人员在场；静态指洁净室的设施已经建成，生产设备已经安装，并按业主及供应商同意的方式运行，但无生产人员；动态指洁净室的设施以规定的方式运行及规定的人员数量在场，生产设备按业主及供应商双方商定的状态下进行工作。

最少采样点数 N_L 按公式（5-20）计算（四舍五入取整数），式中 A 是洁净室面积，水平单向流时，面积 A 为与气流方向呈垂直的流动空气截面的面积。

$$N_L = A^{0.5} \tag{5-20}$$

采样点应均匀分布于整个面积内，并位于工作区的高度（距地坪 0.8m 的水平面），或设计单位、业主特指的位置。

每次采样的最少采样量按公式（5-21）计算：

$$V_S = \frac{20}{C_{n.m}} 1000 \tag{5-21}$$

式中 V_S——每个采样点的每次采样量，L；
$C_{n.m}$——被测洁净室空气洁净度等级的被测粒径的限值，pc/m³；
20——在规定被测粒径粒子的空气洁净度等级限值时，可测到粒子颗数（pc）。

例如洁净度等级 2 级，被测粒径 0.2μm，浓度限值 24（pc/m³），代入式（5-21）得 $V_S = 833$（L）。最少采样点数和最少采样量均可直接查"验收规范"的附表。每个采样点的最小采样时间为 1min，采样量应至少为 2L。每个洁净室（区）最少采样次数为 3 次；当洁净室或洁净区仅有一个采样点时，则在该点应至少采样 3 次。当 V_S 很大时，可使用顺序采样法。检测采样应符合以下规定：

(1) 采样时采样口处的气流速度,应尽可能接近室内的设计气流速度。

(2) 对单向流洁净室,其粒子计数器的采样管口应迎着气流方向;对于非单向流洁净室,采样管口宜向上。

(3) 采样管必须干净,连接处不得有渗漏。采样管的长度应根据仪器允许的长度确定,如果无规定时,不宜大于 1.5m。

(4) 室内的测定人员必须穿洁净工作服,且不宜超过 3 名,并应远离或位于采样点的下风侧静止不动或微动。

(5) 每个采样点的采样次数最少为 3 次,但各采样点的采样次数可以不同,在稳定运行条件下测定,每次测得数据均应记录在事先准备的记录表上。每个采样点的平均粒子浓度为 C_i。

在洁净度测试中,当全室(区)采样点超过 9 点时,可采用算术平均值 N 作为置信上限值。采样点为 2~9 点时,先计算 N 值:$N = \Sigma C_i / n$,再求出 N 的标准差 S:

$$S = \sqrt{\frac{\Sigma(C_i - N)^2}{n-1}} \tag{5-22}$$

要求满足:$C_i \leq$ 级别规定的上限

$$N + t \times s / \sqrt{n} \leq 级别规定的上限$$

式中　n——测点数;

　　　t——置信度上限为 95% 时,单侧 t 分布的系数,见表 5-3。

系　数　t　　　　　　　　　　　　　　　　　表 5-3

测点数	2	3	4	5~6	7~9	10~16	17~29	>29
t	6.3	2.9	2.4	2.1	1.9	1.8	1.7	1.65

检测数据处理完毕后,可在测点平面图上标出各测点的最大值、最小值和平均值,若有超出的点应做明显标记。

6. 室内噪声的检测

室内噪声检测使用带倍频程分析的声级计。一般只测 A 声级,有噪声频谱限制时应按要求测量倍频程频谱进行分析。对设备噪声的测定,测点应选择在水平距离设备 1m、高 1.5m 处。对于空调房间的测点,一般选择在房间中心距地面 1.1m 处。较大的舒适性空调房间测点按设计要求布置。检测洁净室噪声时,测点布置应按洁净室面积均分,每 50m² 设一点。测点位于其中心,距地面 1.1~1.5m 高度处或按工艺要求确定。噪声检测时要排除本底噪声(即环境噪声)对测量的干扰。如果被测声源噪声与本底噪声相差在 10dB 以上,本底噪声影响可忽略不计。如果两者相差不到 10dB,应扣除本底噪声干扰修正量,其扣除量为:当二者相差 6~9dB 时,从测量值中减去 1dB;当二者相差 4~5dB 时,从测量值中减去 2dB;当二者相差 3dB 时,从测量值中减去 3dB;若二者相差小于 3dB,测量结果作废。

洁净室综合效能测定的项目还有室内浮游菌和沉降菌检测、流线平行性检测和自净时间测定等,这些内容可阅读相关资料。

空调系统综合效能测定在竣工验收之后进行。空调工程的竣工验收主要检查工程的施工质量。系统综合效能测定同时也检查设计和制造质量。如果空调工程安装质量在全过程得到有效监控,当空调系统综合效能测定与调试无法实现设计要求时,其原因更可能出在设计或制造方面,但安装单位应配合分析问题,提出整改建议。综合效能测试合格后办理工程移交手续。

思 考 题 与 习 题

1. 简述通风机试运行过程和检测项目。通风机试运行先"手动"的目的是什么?
2. 空气吹淋室起什么作用?在什么时候试运行?试运行时在进风口加装临时过滤装置的目的是什么?应在何时拆去?
3. 空气吹淋室试运行检测有哪些要求?
4. 高效过滤器安装前应做哪些工作?在什么时候安装?
5. 高效过滤器检漏应如何操作?宜在什么时候进行?对上风侧空气含尘有何要求?如何计算穿透率?
6. 简述"流量等比分配法"和"基准风口调整法"的操作过程。这两种方法是否有本质区别?
7. 使用毕托管和倾斜式微压计以及热球风速仪时应如何防止产生测量误差?
8. 测试和调整一般空调系统新风量、送风量、回风量、排风量,对测得值有何要求?
9. 如何测量和计算单向流洁净室的送风量?对净化空调系统的总风量调试结果有何要求?
10. 空调系统无负荷联合试运行与调试之前要完成哪些工作?
11. 如何测量冷却和加热装置的容量?参照公式(5-18),推导热媒为蒸汽时的加热器在设计条件下加热量的计算公式。
12. 简述空调定露点系统自动控制局部调试的方法,如何加干扰实验调节品质?
13. 空调系统竣工验收工作由谁负责组织?主要验收内容分哪两部分?
14. 空调系统综合效能测定工作由谁负责组织?
15. 在倾斜式微压计玻璃管上估读误差为 0.25mm,$K=0.6$,风管内风速 $v=5$m/s。问测动压时,读数误差占总测值的百分比是多少?
16. 下图是恒温恒湿房间某水平面温差图,共 12 个测点,格中上下值分别为该点最高和最低温度值。若允许波动范围是 ± 0.2℃,控制点温度为 20.20℃,问该测量平面温度波动范围是否符合要求?

20.21	20.22	20.30	20.41
20.04	20.13	20.19	20.21
20.18	20.20	20.28	20.39
20.03	20.11	20.19	20.19
20.17	20.19	20.28	20.39
20.03	20.11	20.18	20.18

第六章　空调系统运行与维护

第一节　空调运行管理的意义

一、空调运行管理的意义

空调运行管理是指为了维护空调系统的正常运行、满足空调用户的使用要求而对空调系统进行运行调试操作和维护保养的工作。

空调系统是由很多设备组成的一个复杂的系统。要使空调系统满足人们对热环境的需求，同时又实现使用寿命、经济、节能等技术指标，就需要对系统中各个设备的运行状态进行调节与监控，即对整个空调系统进行运行管理。可以说，空调系统的运行管理也是实现空调设计目标的重要手段。空调运行管理首先是保证系统运行能满足用户空气调节的需要。空调系统运行管理的重要性可以从以下几方面体现：

1. 是保证空调系统良好技术性能的需要

空调系统长时间连续工作，其间一些设备和部件不可避免的会出现运行质量问题，如润滑不良、连接松动、介质泄漏、线路老化等等，需要由值班人员巡视检查得以发现和及时处理，防止酿成大的事故。良好的日常检查与维护保养工作可以延长设备使用寿命。

2. 是保证空调系统安全运行的需要

空调系统中某些设备（如制冷机）必须在一定的条件下才能安全可靠的运行，但是由于设备在实际的运行过程中，有可能超出其安全运行工况，对于这种情况，除了依靠设备本身的自动控制系统工作外，有时也需要人工处理。另外，空调系统运行中可能会遇突发事故，如停电、停水、火警，某台设备和部件突发的严重故障，或者是服务对象出现问题需要空调系统停机等等，由值班人员及时采取紧急措施，可以对系统设备和建筑环境起到安全保护作用。

3. 是空调系统经济运行的需要

用户都希望空调系统在满足使用要求的前提下尽量减少运行费用，而空调系统的经济运行是靠系统的运行调节来实现的，只有在运行管理中，根据外界条件的变化随时调整运行方案，才能真正实现空调系统的经济运行。同时，完善的运行管理也可降低系统设备的维修费用。

二、空调系统日常运行管理概述

空调系统的日常运行管理主要包括运行前的检查和准备工作、空调系统的启动和停机操作、安全运行管理与维护、停机后的维修与保养等工作内容，这些工作内容主要靠制度来实施。空调运行管理有如下一些制度来保障空调系统的正常运行。

1. 运行前的检查和准备工作制度

运行前的检查和准备工作制度应包括以下内容：风机的检查和准备工作；冷水机组的检查和准备工作；冷却塔的检查和准备工作；水泵的检查和准备工作等等。

2. 启动和停机的程序制度

主要有：空调系统的启动程序和方法，以及启动过程中机组正常工作的标志；停机的程序和方法，包括短期停用和长期停用的停机操作方法，长期停机的保养方法；事故紧急停机处理程序和方法，以及事故紧急停机的善后处理工作等内容。

3. 空调运行的值班制度

主要有：对机组的运行参数进行记录和数据处理；运行过程中的巡查内容和发现异常情况的处理措施；运行中的调整工作和运行中的经常性维护工作等内容。

4. 空调运行的交接班制度

主要有：交接介绍当班任务、设备运行情况和用户的需求；检查交接操作运行记录和有关工具及用品；检查工作环境和设备运行状况。

5. 人员培训制度

主要是操作人员的培训和考核工作。操作人员必须经过培训和考核，持证上岗。

6. 定时维修与保养制度

主要内容是按期对设备进行大、中、小修的计划、内容、周期等。空调系统可以利用停机季节进行检修，检修要有完整记录。

本章主要介绍空调系统日常运行管理的基本知识。由于各个空调系统的用途、规模和技术性能并不一样，运行管理制度的内容不一定完全相同。用户可以根据空调系统的特点和本单位的管理能力，制定出合适的空调系统运行管理制度，以保证空调系统运行的效果、安全和节能。

第二节　空调系统运行与管理

一、空调系统的启动与运行管理

1. 空调系统启动前的准备工作

空调系统启动前的准备工作主要有以下几点：

（1）检查电机、风机、电加热器、水泵、表冷器或喷水室、供热设备及自动控制与调节系统等，确认其技术状态良好。

（2）检查各管路系统连接处的紧固、严密程度，不允许有松动、泄漏现象。管路支架稳固可靠。

（3）对空调系统中有关运转设备，应检查各轴承的供油情况。若发现缺油现象应及时加油。

（4）根据室外空气状态参数和室内空气状态参数的要求，调整好温度、湿度等自动控制与调节装置的设定值与幅差值。

（5）检查供配电系统，保证按设备要求正确供电。

（6）检查各种安全保护装置的工作设定值是否在规定的范围内。

2. 空气调节系统的启动

空调系统的启动包括风系统，冷、热源系统和自动控制与调节系统等。首先要保证供、配电网运行良好。然后按规定的程序启动各子系统设备。为防止风机启动时其电机超负荷，在启动风机前，最好先关闭风道总阀，待风机运行起来后再逐步开启到原位置。在启动过程中，只能在一台设备电机运行正常后才能再启动另一台，以防供电线路因启动电流太大而跳闸。风机启动的顺序是先开送风机，后开回风机，以防空调房间内出现负压。全部设备启动完毕后，应仔细巡视一次，观察各种设备运转是否正常。

3. 空调系统的运行管理

(1) 空调系统的运行巡视。

空调系统进入正常运行状态后，应按时进行下列项目的巡视：

1) 动力设备的运行情况，包括风机、水泵、电动机的振动、润滑、传动、工作电流、转速、声响等。

2) 喷水室、加热器、表面式冷却器、蒸汽加湿器等设备的运行情况。

3) 空气过滤器的工作状态（是否过脏）。

4) 空调系统冷、热源的供应情况。

5) 制冷系统运行情况，包括制冷机、冷冻水泵、冷却水泵、冷却塔及油泵等运行情况，以及冷却及冷冻水温度等。

6) 空调运行中采用的运行调节方案是否合理，系统中各有关执行调节机构是否正常。

7) 使用电加热器的空调系统，应注意电气保护装置是否安全可靠，动作是否灵活。

8) 空调处理装置及风路系统是否有漏风现象。

9) 空调处理装置内部积水、排水情况，喷水室系统中是否有泄漏、不顺畅等现象。

对上述各项巡视内容，若发现异常应及时采取必要的措施进行处理，以保证空调系统正常工作。

(2) 空调系统的运行调节。

空调系统运行管理中很重要的一环就是运行调节。在空调系统运行中进行调节的主要内容有：

1) 采用手动控制的加热器，应根据被加热后空气温度与要求的偏差进行调节，使其达到设计参数要求。

2) 对于变风量空调系统，在冬、夏季运行方案变换时，应及时对末端装置和控制系统中的夏、冬季转换开关进行运行方式转换。

3) 采用露点温度控制的空调系统，应根据室内外空气条件，对所供水温、水压、水量、喷淋排数等进行调节。

4) 根据运行工况，结合空调房间室内外空气参数情况，应适当地进行运行工况的转换，同时确定出运行中供热、供冷的时间。

5) 对于既采用蒸汽（或热水）加热，又采用电加热器作为补充热源的空调系统，应尽量减少电加热器的使用时间，多使用蒸汽和热水加热装置进行调节，这样，既降低了运行费用，又减少了由于电加热器长时间运行时引发事故的可能性。

6) 根据空调房间内空气参数的实际情况，在允许的情况下应尽量减少排风量，以减少空调系统的能量损失。

7) 在能满足空调房间内工艺条件的前提下，应尽量降低室内的正静压值，以减少室内空气向室外的渗透量，达到节省空调系统能耗的目的。

8) 空调系统在运行中，应尽可能地利用天然冷源，降低系统的运行成本。在冬季和夏季时可采用最小新风量运行方式。而在过渡季节中，当室外新风状态接近送风状态点时，应尽量使用最大新风量或全部采用新风的运行方式，减少运行费用。

4．空气调节系统的停机

空调系统的停机分为正常停机和事故停机两种情况。空调系统正常停机的操作要求是：接到停机指令或达到定时停机时间时，应首先停止制冷装置的运行或切断空调系统的冷、热源供应，然后再停空调系统的送、回、排风机。若空调房间内有正静压要求时，系统中风机的停机顺序为：排风机、回风机、送风机；若空调房间内有负静压要求时，则系统中风机的停机顺序为：送风机、回风机、排风机。待风机停止程序操作完毕之后，用手动或采用自动方式关闭系统中的风机负荷阀、新风阀、回风阀、一次和二次回风阀、排风阀、加热器和加湿器调节阀、冷冻水调节阀等阀门，最后切断空调系统的总电源。

在空调系统运行过程中若电力供应系统或控制系统突然发生故障，为保护整个系统的安全应做紧急停机处置，紧急停机又称为事故停机，其操作方法是：

（1）供电系统发生故障时，应迅速切断冷、热源的供应，然后切断空调系统的电源开关。待电力系统故障排除并恢复正常供电后，再按正常停机程序关闭有关阀门，检查空调系统中有关设备及其控制系统，确认无异常后再按启动程序启动运行。

（2）在空调系统运行过程中，若由于风机及其拖动电机发生故障；或由于加热器、表冷器，以及冷、热源输送管道突然发生破裂而产生大量蒸汽或水外漏；或由于控制系统中控制器或执行调节机构（如加湿器调节阀、加热器调节阀、表冷器冷冻水调节阀等）突然发生故障，不能关闭或关闭不严，或者无法打开；在系统无法正常工作或危及运行和空调房间安全时，应首先切断冷、热源的供应，然后按正常停机操作方法使系统停止运行。

（3）若在空调系统运行过程中，报警装置发出火灾报警信号，值班人员应迅速判断出发生火情的部位，立即停止有关风机的运行，并向有关单位报警。为防止意外，在灭火过程中按正常停机操作方法，使空调系统停止工作。

5．空调系统运行中的交接班制度

当空调系统运行时，必须有工作人员值班监护。空调系统运行的好坏不仅直接影响到用户的需要，而且对于运行费用也有极大的影响。运行得好，既满足用户要求，又能节省运行费用。运行不好，则可能满足了用户要求但运行费用增高，或既没能满足用户要求，又不能节省运行费用。影响运行质量的因素很多，如系统与设备的状况、工作人员的责任心和技术水平、值班质量等等。如果能保证值班质量，不仅运行质量有了基本保证，而且系统与设备的维护保养、运行资料的积累、运行环境的保洁、事故或故障隐患的及时发现、突发事故的处理等都有了保证。为保证值班质量，必须有相应的制度来配合。

空调系统是一个需要连续运行的系统，搞好交接班是保障空调系统安全运行的一项重要措施。空调系统交接班制度应包括下述内容：

（1）接班人员应按时到岗，若接班人员因故没能准时接班，交班人员不得离开工作岗位，应向主管领导汇报，有人接班后方准离开。

（2）交班人员应如实向接班人员说明以下内容：

1）设备运行情况。

2）各系统的运行参数。

3）冷、热源的供应和电力供应情况。

4）当班运行中所发生的异常情况及原因和处理结果。

5）空调系统中有关设备，供水、供热管路，以及各种控制器、执行器、仪器仪表的运行情况。

6）运行中遗留的问题，需下一班次处理的事项。

7）上级的有关批示，生产调度情况，以及值班记录等。

(3) 值班人员在交班时若有需要及时处理或正在处理的运行事故，必须在事故处理结束后方可交班。

(4) 接班人员在接班时除应向交班人员了解系统运行的各参数外，还应把交班中的疑点问题弄清楚后方可接班。

(5) 如果接班人员没有进行认真的检查询问了解情况而盲目接班后，在上一班次出现的所有问题，包括事故，均应由接班者负全部责任。

二、风机盘管机组的启动与运行管理

1．风机盘管机组的局部调节方法

风机盘管空调系统在设计时，一般是根据空调房间在最不利条件下的最大冷（热）负荷来选择风机盘管机组。但风机盘管机组在实际运行中，由于室内、外条件均在发生不断变化，因此，风机盘管机组设有两种局部调节方法来进行冷（热）量的调节：一是根据使用情况（空调房间内的温、湿度，主要是温度情况），利用风机盘管机组的高、中、低三档风量调速装置，改变风机盘管的空气循环量，来满足空调房间内空气状态的调节要求；二是通过自动或手动控制方式，调节通过风机盘管机组的冷（热）水流量或温度，实现对供冷（热）量的调节，以满足空调房间的需要。

(1) 水量调节。

当空调房间内、外条件发生变化时，为了维持空调房间内的一定温、湿度，可通过安装在风机盘管机组供水管道上的直通或三通调节阀进行调节。即室内冷负荷减少时可减少进入盘管内的冷冻水量。使盘管中的冷冻水吸收热量的能力下降，以适应冷负荷减少的变化。反之，室内的冷负荷增加可加大盘管中冷冻水的流量，使冷冻水吸收热量的能力增加。

(2) 风量调节。

风机盘管机组利用风量调节来实现其负荷调节，是运行管理时使用最为普遍的方法。当空调房间内的冷（或热）负荷发生变化时，通过控制机构改变风扇电动机的转速，减少或增加流过风机盘管机组的空气处理量来实现空调房间温、湿度调节的目的。

2．风机盘管机组的运行管理

(1) 机组夏季供给的冷冻水温度应不低于 7 ℃，冬季供给的热媒水温度应不高于65℃,水质要清洁、软化。

(2) 机组的回水管上备有手动放气阀，运行前需要将放气阀打开，待机组盘管中及系统管路内的空气排干净后再关闭放气阀。

(3) 风机盘管机组中的风扇电动机轴承因采用双面防尘盖滚珠轴承，组装时轴承已加好润滑脂，因此，使用过程中不需要定期加润滑脂。

(4) 风机盘管表面应定期吹扫，保持清洁，以保证其具有良好的传热性能。装有过滤网的机组应经常清洗过滤网。

(5) 装有温度控制器的机组，在夏季使用时应将控制开关调整至夏季控制位置，而在冬季使用时，再调至冬季控制位置。

三、风机的启动与运行管理

1. 风机的启动操作

（1）风机启动前的检查：

1）检查风机准备加入的润滑油脂的名称、型号是否与要求的一致，按规定的操作方法向风机注油孔内加注额定量的润滑油。

2）用手盘动风机的传动皮带或联轴器，以检验风机叶轮是否有卡住或摩擦现象。

3）检查风机壳内、皮带轮罩等处是否有影响风机转动的杂物，以及皮带的松紧程度是否适合。

4）检查风机及电动机的地脚螺钉是否有松动现象。

5）用点动方式检查风机的转向是否正确。

6）关闭风机的入口阀或出口阀，以减轻风机启动负荷。

（2）风机的启动操作：

按启动顺序逐台启动风机，风机启动以后逐渐调整风阀至正常工作位置。

2. 风机运行中的监测和日常维护工作

（1）风机的运行监测内容：

1）监测风机电动机的工作电流、电压是否正常。

2）监测风机及电动机的运转声音是否正常，有无异常振动现象。

3）监测风机及电动机的轴承温度是否正常。

4）监测风机及电动机在运转过程中是否有异味。

风机在运转过程中一旦出现异常情况，特别是运转电流过大，电压不稳，出现异常振动或产生焦糊味时，应立即停机进行检查处理，排除故障后才可继续运行。绝对禁止风机带病运行，以免酿成重大事故。

（2）风机的日常维护内容：

1）定期用仪器测量风量和风压，确保风机处于正常工作状态。

2）观察皮带的松紧程度是否合适。用测量仪表检查风机主轴转速是否达到要求，若转速不足则可能是皮带松弛，应及时调整更换。用钳形电流表检查电动机三相电流是否平衡。

3）按设备说明书规定，定期向风机轴承内加入润滑油脂。

4）经常检查风机进、出口法兰接头是否漏风。若发现漏风，应及时更换垫料堵上。

5）经常检查风机及电动机的地脚螺钉是否紧固，减振器受力是否均匀。

6）检查风机叶轮与机壳间是否有摩擦声，叶轮的平衡性是否良好。检查风机的振动与运转噪声是否在允许的范围内。

7）随时检测风机轴承温度，不能使温升超过规定值。

四、冷却塔的启动与运行管理

1. 冷却塔启动前的检查

（1）冷却塔塔体的检查：

冷却塔在启动前，首先要检查淋水管上的喷头是否堵塞；冷却塔中的填料是否损坏，或内有异物；集水槽和集水池是否积存有污物；冷却塔的进风百叶窗上是否有塑料布、塑料袋等污物堵塞进风口；冷却塔机械装置中的减速箱内油位是否保持在油标规定的位置；集水池内水位是否达到最高标高，所有管路中是否都充满了水；冷却塔的风机电动机的绝缘情况和防潮措施是否符合要求；用手盘动风机的叶轮旋转，看其转动是否灵活、有无松动现象；观察集水池有无渗漏现象等。

(2) 输水管道和水泵的检查：

对于输水管道的检查主要是检查管路中阀门的开或关是否符合要求。对于水泵主要是检查泵体和电动机轴承的润滑情况，用手盘动一下水泵和电动机之间的联轴器，看其转动是否灵活、轻松。观察水泵轴封的滴水情况，看其松紧度是否适当。

2. 冷却塔的运行管理

为了使冷却塔在运行中发挥最高的冷却效率，要认真做好其日常的维护管理。

(1) 要及时清除管道和喷头处的污垢及杂物，以确保冷却水量不致逐渐减少，一般情况下应每月清洗一次冷却塔。要随时注意布水装置的布水均匀性，发现问题应及时检修。

(2) 要确保填料的清洁完整，损坏的部分要及时填补或更换。

(3) 要保持冷却塔减速箱中的油位正常。减速箱中润滑油一般采用 20 号或 30 号机油。每年应检查油的颜色及黏度，若无变化，可以不更换。但新安装冷却塔中的减速箱由于要磨合，建议在运行一个月时将减速箱中的润滑油更换掉。

(4) 定期检测电动机和接线盒的绝缘及接地电阻，保证电气系统安全可靠。

(5) 电动机和联轴器内轴承中的润滑油脂不允许出现硬化现象，要定期进行更换，润滑油脂最好用钙基油脂，一般每年更换一次。在冷却塔运行中要经常观察风机轴承的温升情况，要求轴承温升不大于 35 ℃，最高温度不大于 70 ℃，风机运行要平稳。应定期检查并清除风机叶片上的附着物，及时更换腐蚀坏了的叶片，以减少风机运行时的振动及噪声。为了节省能源和调节冷量，当多台风机并联安装时，应根据不同情况适当减开风机。

(6) 要定期清洗集水盘和集水池，清刷过滤网，严防堵塞影响冷却水循环。定期检查循环水的水质，当水质不符合要求时，要排除部分循环水，并补充新水。若为节约用水，可向集水池内的循环水中添加阻垢剂（如聚丙烯酸钠）、杀菌藻剂（如液氯、漂白粉），防止生垢积苔，保证循环水质的稳定。

(7) 做好冷却塔的各种钢结构构件和水管的防锈工作。对冷却塔中的钢支架、钢梁等各种钢结构和水管应每两年进行一次除锈、涂防锈漆的工作。风机钢制叶片宜每年进行一次涂漆防腐。

五、活塞式制冷压缩机的启动与运行管理

1. 启动前的准备工作

启动前的准备工作主要有以下内容：

(1) 检查压缩机：

1) 检查压缩机曲轴箱的油位是否合乎要求，油质是否清洁。

2) 通过储液器的液面指示器观察制冷剂的液位是否正常，一般要求液面高度应在示液镜的 1/3 处左右。

3) 开启压缩机的排气阀及高、低压系统中的有关阀门，但压缩机的吸气阀和储液器上的出液阀可先暂不开启。

4) 检查制冷压缩机组周围及运转部件附近有无妨碍运转的因素或障碍物，对于开启式压缩机可用手盘动转动联轴器数圈，检查有无异常。

5) 对具有手动卸载——能量调节的压缩机，应将能量调节阀的控制手柄放在最小能量位置。

6) 接通电源，检查电源电压。

7) 开启冷却水泵；对于风冷式机组开启风机运行。

8) 调整压缩机高、低压力继电器及温度控制器的设定值，使其指示值在所规定的范围内。压力继电器的压力设定值应根据系统所使用的制冷剂、运转工况和冷却方式而定，一般在使用氟利昂 R12 为制冷剂时，高压设定范围为 1.3~1.5MPa；使用氟利昂 R22 和 R717 为制冷剂时，高压设定范围为 1.5~1.7MPa。

(2) 启动冷冻水泵，使蒸发器中的冷冻水循环起来。

(3) 检查制冷系统中所有管路系统，确认制冷管道无泄露。水系统不允许有明显的漏水现象。

2. 活塞式制冷压缩机的开机操作

(1) 对于开启式压缩机，启动准备工作结束以后，可向压缩机电动机瞬时通、断电，点动压缩机运行 2~3 次，观察压缩机、电动机启动状态和转向，确认正常后，重新合闸正式启动压缩机。

(2) 压缩机正式启动后逐渐开启压缩机的吸气阀，注意防止出现"液击"的情况。

(3) 同时缓慢打开储液器的出液阀，向系统供液，待压缩机启动过程完毕，运行正常后将出液阀开至最大。

(4) 对于设有手动卸载——能量调节机构的压缩机，待压缩机运行稳定以后，应逐步调节卸载——能量调节机构，即每隔 15min 左右转换一个档位，直到达到所要求的档位为止。

(5) 在压缩机启动过程中应注意观察压缩机的运转状况是否正常；系统的高低压及油压是否正常；电磁阀、自动卸载——能量调节阀、膨胀阀的工作是否正常。待这些项目都正常后，启动工作结束。

3. 活塞式制冷压缩机的运行管理

当压缩机投入正常运行后，必须随时注意系统中各有关参数的变化情况，如压缩机的油压，吸、排气压力，冷凝压力，排气温度，冷却水温度，冷冻水温度，润滑油温度，压缩机、电动机、水泵、风机电动机等的运行工作电流。同时，在运行管理中还应注意以下情况的管理和监测。

(1) 压缩机的运转声音应清晰均匀，且又有节奏，无撞击声。若发现不正常应查明原因，及时处理。

(2) 在运行过程中，如发现气缸有冲击声，则说明有液态制冷剂进入压缩机的吸气腔，此时应将能量调节机构置于空档位置，并立即关闭吸气阀，待吸入口的霜层溶化，使压缩机运行大约 5~10min 后，再缓慢打开吸气阀，调整至压缩机吸气腔无液体吸入，且吸气管底部有结露状态时，可将吸气阀全部打开。

(3) 应注意监测压缩机的排气压力和排气温度。对于使用 R12 或 R22 的制冷压缩机，其排气温度分别不应超过 130℃ 或 145℃。

(4) 运行中压缩机的吸气温度与蒸发温度差值应符合设备规定。一般单级压缩机，氨压缩机吸气温度比蒸发温度高 5~10℃，氟利昂压缩机吸气温度最高不超过 15℃。

（5）压缩机在运转中各摩擦部件温度不得超过 70℃，如果发现其温度急剧升高或局部过热时，应立即停机进行检查处理。

（6）随时检测曲轴箱中的油温、油位和油压。曲轴箱中的油温一般应保持在 40~60℃，最高不得超过 70℃。曲轴箱上若有一个视油镜时，油位不得低于视油镜的 1/2，若有两个视油镜时，油位不超过上视镜的 1/2，不低于下视镜的 1/2。运行时油压应比吸气压力高 0.1~0.3MPa。若发现有异常情况应及时采取措施处理。

（7）活塞式制冷压缩机在运行过程中，虽然大部分随排气被带走的冷冻润滑油，在油气分离器的作用下会回到压缩机，但仍有一部分会随制冷剂的流动而进入整个系统，造成曲轴箱内润滑油减少，从而影响压缩机润滑系统的正常工作。因此，在运行中应注意观测油位的变化，随时进行补充。

润滑油的补充操作方法是：当曲轴箱中的油位低于油面指示器的下限时，可采用手动回油方法，观察油位能否回到正常位置。若仍不能回到正常位置，则应进行补充润滑油的工作。补油时应使用与压缩机曲轴箱中的润滑油同标号、同牌号的冷冻润滑油。加油时，用加油管一端拧紧在曲轴箱上端的加油阀上，另一端捏住管口放入盛有冷冻润滑油的容器中。将压缩机的吸气阀关闭，待其吸气压力降低到 0 时（表压），同时打开加油阀，并松开捏紧加油管的手，润滑油即可被吸入曲轴箱，待从视油镜中观测油位达到要求后，关闭加油阀，然后缓慢打开吸气阀，使制冷系统逐渐恢复正常运行。

（8）制冷系统在运行过程中会因各种原因使空气混入系统中。由于系统混入空气后会导致压缩机的排气压力和排气温度升高，造成系统能耗的增加，甚至造成系统运行事故。因此，应在运行中及时排放系统中的空气。制冷系统中混有空气的特征为：压缩机在运行过程中高压压力表的表针出现剧烈摆动，排气压力和排气温度都明显高于正常运行时的参数值。

对于氟利昂制冷系统，由于氟利昂制冷剂的密度大于空气的密度。因此，当氟利昂制冷系统中有空气存在时，空气一般会聚集在储液器或冷凝器的上部。所以，氟利昂制冷系统的"排气"操作可按下述步骤进行：

1）关闭储液器或冷凝器的出液阀（事先应将电气控制系统中的压力继电器短路，以防止它的动作导致压缩机无法运行），使压缩机继续运行，将系统中的制冷剂全部收集到储液器或冷凝器中，在这一过程中让冷却水系统继续工作，将气态制冷剂冷却成为液态制冷剂。当压缩机的低压运行压力达到 0（表压）时，停止压缩机运行。

2）在系统停机约 1 小时后，拧松压缩机排气阀的旁通孔的丝堵，调节排气阀至三通状态，使系统中的空气从旁通孔逸出。若在储液器或冷凝器的上部设有排气阀时，可直接将排气阀打开进行"排空"。在放气过程中可将手背靠近气流出口感觉排气温度，若感觉到气体较热或为正常温度则说明排出的基本是空气；若感觉排出的气体较凉，则说明排出的是制冷剂，此时应立即关闭排气阀口，排气工作可基本告一段落。

3）为检验"排空"效果，可在"排空"工作告一段落后，恢复制冷系统运行（同时将压力继电器电路恢复正常），再观察一下运行状态。若高压压力表不再出现剧烈摆动，冷凝压力和冷凝温度在正常值范围内，可认为"排空"工作已达到目的。若还是有存在空气的现象，就应继续进行"排空"工作。

4. 活塞式制冷压缩机的停机操作

氟利昂活塞式制冷压缩机的停机操作，对于装有自动控制系统的压缩机由自动控制系统来完成，对于手动控制系统则可按下述程序进行：

(1) 在接到停止运行的指令后，首先关闭储液器或冷凝器的出口阀（即供液阀）。

(2) 待压缩机的低压压力表的表压力接近于0，或略高于大气压力时（大约在供液阀关闭 10~30min 后，视制冷系统蒸发器大小而定），关闭吸气阀，停止压缩机运转，同时关闭排气阀。如果由于停机时机掌握不当，使停机后压缩机的低压压力低于0时，则应适当开启一下吸气阀，使低压压力表的压力上升至0，以避免停机后由于曲轴箱密封不好而导致外界空气渗入。

(3) 关闭冷冻水泵、回水泵等，使冷冻水系统停止运行。

(4) 在制冷压缩机停止运行 10~30min 后，关闭冷却水系统，停止冷却水泵、冷却塔风机的工作，使冷却水系统停止运行。

(5) 关闭制冷系统上各阀门。

(6) 为防止冬季可能产生的冻裂故障，应将系统中残存的水放干净。

5. 制冷系统的紧急停机和事故停机的操作

制冷系统在运行过程中，如遇下述情况应做紧急停机处理：

(1) 制冷系统在正常运行中突然停电时，首先应立即关闭系统中的供液阀，停止向蒸发器供液，避免在恢复供电而重新启动压缩机时造成"液击"故障。接着应迅速关闭压缩机的吸、排气阀。

恢复供电以后，可先保持供液阀为关闭状态，按正常程序启动压缩机，待蒸发压力下降到一定值时（略低于正常运行工况下的蒸发压力），可再打开供液阀，使系统恢复正常运行。

(2) 制冷系统在正常运行工况条件下，因某种原因突然造成冷却水供应中断时，应首先切断压缩机电动机的电源，停止压缩机的运行，以避免高温高压状态的制冷剂蒸气得不到冷却，使系统管道或阀门出现爆裂事故。之后关闭供液阀及压缩机的吸、排气阀，然后再按正常停机程序关闭各种设备。

在冷却水恢复供应以后，系统重新启动时可按停电后恢复运行时的方法处理。但如果由于停水而使冷凝器上的安全阀动作过，就必须对安全阀进行试压一次。

(3) 制冷系统在正常运行工况下，因某种原因突然造成冷冻水供应中断时，应首先关闭供液阀（储液器或冷凝器的出口控制阀）或节流阀，停止向蒸发器供液态制冷剂。关闭压缩机的吸气阀，使蒸发器内的液态制冷剂不再蒸发，或使蒸发压力高于0℃时制冷剂相对应的饱和压力。继续开动制冷压缩机使曲轴箱内的压力接近或略高于0，停止压缩机运行，然后对于其他的操作再按正常停机程序处理。

当冷冻水系统恢复正常工作以后，可按突然停电后又恢复供电时的启动方法处理，恢复冷冻水系统正常运行。

(4) 在制冷空调系统正常运行的情况下，空调机房或相邻建筑发生火灾危及系统安全时，应首先切断电源，按突然停电的紧急处理措施使系统停止运行。同时向有关部门报警，并协助灭火工作。当火警解除之后，可按突然停电后又恢复供电时的启动方法处理，从而恢复系统正常运行。

6. 压缩机运行过程中应做停机处理的故障

活塞式制冷压缩机在运行过程中如遇下述情况，应做故障停机处理：

（1）油压过低或油压升不上去。
（2）油温超过允许温度值。
（3）压缩机汽缸中有敲击声。
（4）压缩机轴封处制冷剂泄漏现象严重。
（5）压缩机运行中出现较严重的液击现象。
（6）排气压力和排气温度过高。
（7）压缩机的能量调节机构动作失灵。
（8）冷冻润滑油太脏或出现变质情况。

发生上述故障时，采取何种方式停机，应视具体情况而定，可采取紧急停机或按正常停机方式处理。

六、螺杆式制冷压缩机的启动与运行管理

1. 螺杆式制冷压缩机的开机操作

螺杆式制冷压缩机正常启动方法如下：

（1）确认机组中各有关阀门所处的状态是否符合开机要求。
（2）向机组电气控制装置供电，并打开电源开关，使电源控制指示灯点亮。
（3）启动冷却水泵、冷却塔风机和冷冻水泵，应能看到三者的运行指示灯点亮。
（4）检测润滑油油温是否达到30℃，若不到30℃，就应打开电加热器进行加热，同时可启动油泵，使润滑油循环温度均匀升高。
（5）油泵启动运行以后，将能量调节控制阀置于减载位置，并确定滑阀处于零位。
（6）调节油压调节阀，使油压达到 0.5~0.6 MPa。
（7）闭合压缩机的启动控制电源开关，打开压缩机吸气阀，经延时后压缩机启动运行，在压缩机运行以后进行润滑油压力的调整，使其高于排气压力 0.15~0.3 MPa。
（8）闭合供液管路中的电磁阀控制电路，启动电磁阀，向蒸发器供液态制冷剂，将能量调节装置置于加载位置，并随着时间的推移逐级增载。同时观察吸气压力，通过调节膨胀阀，使吸气压力稳定在设备技术文件规定的范围内。
（9）压缩机运行以后，当润滑油温度达到45℃时断开电加热器的电源，同时打开油冷却器的冷却水的进、出口阀，使压缩机运行过程中的油温控制在 40~55℃ 范围内。
（10）若冷却水温较低，可暂时将冷却塔的风机关闭。
（11）将喷油阀开启 1/2~1 圈。同时应使吸气阀和机组的出液阀处于全开位置。
（12）将能量调节装置调节至 100% 的位置，同时调节膨胀阀使吸气保持规定的过热度。

2. 螺杆式制冷压缩机的运行管理

机组启动完毕，投入运行后，应注意对下述内容的检查，以确保机组安全运行。

（1）冷冻水泵、冷却水泵、冷却塔风机运行时的声音、振动情况，水泵的出口压力、水温等各项指标是否在正常工作参数范围内。
（2）随时检查润滑油的油温、油位和油压，均应在设备技术文件规定的范围内，油温宜控制在 40~55℃。

(3) 压缩机处于满负荷运行时,吸气压力值应在 0.36~0.56 MPa 范围内。

(4) 压缩机的排气压力为 10.8×10^5~14.7×10^5 Pa(表压),排气温度为 45~90℃,最高不得超过 105℃。

(5) 压缩机运行过程中,电机的工作电流应在规定范围内。若电流过大,就应调节至减载运行,防止电动机由于工作电流过大而烧毁。

(6) 压缩机运行过程中声音应均匀、平衡,无异常声音和振动。

(7) 机组的冷凝温度应比冷却水温度高 3~5℃,冷凝温度一般应控制在 40℃左右,冷凝器进水温度应在 32℃以下。

(8) 机组的蒸发温度应比冷冻水的出水温度低 3~4℃,冷冻水出水温度一般为 5~7℃左右。

上述各项中,若发现有不正常情况时,应立即停机查明原因,排除故障后,再重新启动机组。切不可带着问题让机组运行,以免造成重大事故。

3. 螺杆式制冷压缩机的停机操作

螺杆式制冷压缩机的停机分为正常停机、紧急停机、自动停机和长期停机等停机方式。

(1) 正常停机的操作方法:
1) 将手动卸载控制装置置于减载位置。
2) 关闭冷凝器至蒸发器之间的供液管路上的电磁阀、出液阀。
3) 停止压缩机运行,同时关闭吸气阀。
4) 待能量减载至零后,停止油泵工作。
5) 将能量调节装置置于"停止"位置上。
6) 关闭油冷却器的冷却水进水阀。
7) 停止冷却水泵和冷却塔风机的运行。
8) 停止冷冻水泵的运行。
9) 关闭总电源。

(2) 机组的紧急停机。

螺杆式制冷压缩机在正常运行过程中,如发现异常现象,为保护机组安全,就应实施紧急停机。其操作方法是:
1) 停止压缩机运行。
2) 关闭压缩机的吸气阀。
3) 关闭机组供液管上的电磁阀及冷凝器的出液阀,停止向蒸发器供液。
4) 停止油泵工作。
5) 关闭油冷却器的冷却水进水阀。
6) 停止冷冻水泵、冷却水泵和冷却塔风机。
7) 切断总电源。

机组在运行过程中出现停电、停水等故障时的停机方法可参照活塞式压缩机紧急停机中的有关内容处理。

机组紧急停机后,应及时查明故障原因,排除故障后,可按正常启动方法重新启动机组。

(3) 机组的自动停机。

螺杆式制冷压缩机在运行过程中，若机组的压力、温度值超过规定值范围时，机组控制系统中的保护装置会发挥作用，自动停止压缩机工作，这种现象称为机组的自动停机。机组自动停机时，其机组的电气控制板上相应的故障指示灯会点亮，以指示发生故障的部位。遇到此种情况发生时，主机停机后，其他部分的停机操作可按紧急停机方法处理。在完成停机操作工作后，应对机组进行检查，待排除故障后才可以按正常的启动程序进行重新启动运行。

(4) 机组的长期停机。

由于用于中央空调冷源的螺杆式制冷压缩机多为季节性运行，因此，机组的停机时间较长。为保证机组的安全，在季节性停机时，可按以下方法进行停机操作。

1) 在机组正常运行时，关闭机组的出液阀，使机组进行减载运行，将机组中的制冷剂全部抽至冷凝器中。为使机组不会因吸气压力过低而停机，可将低压压力继电器的调定值调为 0.15MPa。当吸气压力降至 0.15MPa 左右时，压缩机停机，当压缩机停机后，可将低压压力值再调回。

2) 将停止运行后的油冷却器、冷凝器、蒸发器中的水卸掉，并放干净残存水，以防冬季时冻坏其内部的传热器。

3) 关闭好机组中的有关阀门，检查是否有泄漏现象。

4) 每星期应启动润滑油油泵运行 10~20min，以使润滑油能长期均匀地分布到压缩机内的各个工作面，防止机组因长期停机而引起机件表面缺油，造成重新开机时的困难。

4. 螺杆式制冷压缩机机组润滑油的补充与回收

(1) 机组中润滑油的更换。

机组运行一段时间后，由于种种原因，会使冷冻润滑油被污染变脏，这时，应对机组内的润滑油进行更换。其操作方法是：

1) 在压缩机停机状态下，将其吸、排气阀关闭，同时启动冷冻水泵和冷却水泵。

2) 使用抽氟机（另备）从机组的排气管上安全阀下部的放空阀处将气态制冷剂抽至冷凝器上部的放空阀处，使其在冷凝器中被冷却成液体。当机组的高压压力表指示值接近零时停止抽氟。

3) 打开机组的放油阀进行放油，同时，也从油冷却器、油分离器底部的堵丝处放油和排污。

4) 污油放干净以后，按试运转时的加油程序向机组内加入适量的合格润滑油。

5) 机组加油结束后，使用真空泵从放空阀处抽真空，使机组的绝对压力为 5.33kPa 左右，关闭放空阀，停止真空泵工作。

6) 打开压缩机的排气阀，稍稍开启吸气阀，使机组与系统压力平衡。

螺杆式制冷压缩机在运行过程中若发现润滑油不足，也应及时进行补充，只是省去放油排污的过程。

(2) 机组蒸发器、冷凝器中润滑油的回收。

在螺杆式压缩机运行过程中会因各种原因造成在机组的冷凝器和蒸发器中积存大量冷冻润滑油，使机组无法正常工作。因此，必须及时回收润滑油。下面以 LSLGF500 型和 LSLGF1000 型机组为例介绍操作方法：

1）将机组的卸载装置调至"零位"，停止机组运行，断开蒸发压力保护器。

2）将供液电磁阀底部的调节杆旋进，开启电磁阀，使冷凝器中的氟利昂制冷剂与润滑油的混合物全部进入蒸发器中，然后再将电磁阀的调节杆旋出，关闭电磁阀。

3）按正常程序开机，对蒸发器、冷凝器供水，使机组在零位能量下运行，然后打开供液电磁阀，使其工作30s后再将其关闭，同时，也将冷凝器出液阀关闭。

4）使机组在零位能量下继续运行，待蒸发器中的1/2左右的氟利昂抽至冷凝器中后，将能量调节装置调至10%~20%档位运行。

5）当在蒸发器中看不到液态制冷剂，其运行压力在0.2~0.3MPa时，将能量调节装置调至"0"位，同时停止压缩机运行。

6）关闭油冷却器的出油阀，用回油管将蒸发器下部回油阀与机组的加油阀相连接，上紧连接螺母，然后缓慢地打开蒸发器下部的回油阀和机组的加油阀，同时启动油泵使其工作，将油抽至机组的油分离器中。

7）观察油分离器上的视油镜，待油面升至一定油位，并且不再上升时，将蒸发器下部的回油阀和机组的加油阀分别关闭，停止油泵运行，拆除回油管。然后再稍微开启蒸发器的回油阀，利用蒸发器内的制冷剂蒸气将其内部的残油吹出。当观察到蒸发器下部的回油阀出口只有制冷剂气体吹出时，说明油已经排干净，应立即关闭回油阀。

8）润滑油回收结束后，打开油冷却器上的出油阀和冷凝器上的出液阀，并接通蒸发压力保护器，恢复机组正常工作。

七、离心式制冷压缩机的启动与运行管理

1. 离心式压缩机的开机操作

离心式压缩机启动运行方式有"全自动"运行方式和"部分自动"即手动启动运行方式两种。离心式压缩机无论全自动运行方式或部分自动—手动方式的操作，其启动连锁条件和操作程序都是相同的。制冷机组启动时，若启动连锁回路处于下述任何一项时，即使按下启动按钮，机组也不会启动，例如：导叶没有全部关闭；故障保护电路动作后没有复位；主电动机的启动器不处于启动位置上；按下启动开关后润滑油的压力虽然上升了，但升至正常油压的时间超过了20s；机组停机后再启动的时间未达到15min；冷冻水泵或冷却水泵没有运行或水量过少等。

当主机的启动运行方式选择"部分自动"控制时，主要是指冷量调节系统是人为控制的，而一般油温调节系统仍是自动控制，启动运行方式的选择对机组的负荷试车和调整都没有影响。

机组启动方式的选择原则是：新安装的机组或大修机组进入负荷试车调整阶段，或者蒸发器运行工况需要频繁变化的情况，常采用主机"部分自动"的运行方式，即相应的冷量调节系统选择"部分自动"的运行方式。当负荷试车阶段结束，可选择"全自动"运行方式。

无论选择何种运行方式，机组开始启动时均由操作人员在主电动机启动过程结束并达到正常转速后，逐渐地开大进口导叶开度，以降低蒸发器出水温度，直到达到要求值，然后将冷量调节系统转入"全自动"程序或仍保持"部分自动"的操作程序。

（1）离心式制冷压缩机启动的操作方法。

1）启动操作。对就地控制机组（A型），按下"清除"按钮，检查除"油压过低"指示灯亮外，是否还有其他故障指示灯亮。若有就应查明原因并予以排除。对集中控制机组（B型），待"允许启动"指示灯亮时，闭合操作盘（柜）上的开关至启动位置。

2）启动过程监视与操作。在"全自动"状态下，油泵启动运转延时 20s 后，主电动机应启动。此时应监听压缩机运转中是否有异常情况，如发现有异常情况就应立即进行调整和处理，若不能马上处理和调整就应迅速停机处理后再重新启动。当主电动机运转电流稳定后，迅速按下"导流叶片开大"按钮。每开启 5%～10% 导叶角度，应稳定 3～5min，待供油压力值回升后，再继续开启导叶。待蒸发器出口冷冻水温度接近要求值时，对导叶的手动控制可改为温度自动控制。如果按下启动按钮 30s 内机组未能启动，应检查启动联锁装置。

(2) 在启动过程中的监测。

离心式制冷压缩机在启动过程中的监测主要有：

1）冷凝压力表上读数不允许超过规定值，否则会停机。若压力过高，必要时可用"部分自动"启动方式运转抽气回收装置约 30min，或加大冷却水流量来降低冷凝压力。

2）机组启动时，随进口导叶逐步开大，以及油槽中有大量的气泡产生，供油压力会呈缓慢下降的趋势。此时，应严密监视油压的变化。当油压降到机组规定的最低供油压力值时，应做紧急停机处理，以免造成机组的严重损坏。

3）在机组启动前后，因制冷剂可能较多地溶解于润滑油中，同时油槽中存在大量气泡，会造成油位上升的假象。一般待机组稳定运行 3～4h 后，气泡即慢慢消失，此时的油位才是真实油位。当油位未达到规定要求时，应补充润滑油。

4）机组启动及运行过程中，油槽中的油温应严格控制在 50～60℃。若油槽中油温过高，可切断电加热器或加大油冷却器供水量，使油温下降。供油油温应严格控制在 35～50℃ 之间，与油槽油温同时调节，方法相同。

5）压缩机运行时，必须保证压缩机出口气压比轴承回油处的油压约高 0.1×10^5 Pa，只有这样才能使压缩机叶轮后的充气密封、主电动机充气密封、增速箱箱体与主电动机回液（气）腔之间充气密封起到封油的作用。

6）机组轴承中，叶轮轴的推力轴承温度最高。应严格监控该轴承温度。各轴承工作温度不得大于设备技术文件规定值。无规定时不应大于 65℃。若轴承温度上升很快，或达到规定上限值，无论是否报警均应手动紧急停车，检查轴承状况。

机组运行中同时还应监测机组机械部分运转是否正常，如压缩机转子、齿轮啮合、油泵、主电动机径向轴承等部分，是否有金属撞击声、摩擦声或其他异常声响；机组外表面是否有过热状况，包括主电动机外壳、蜗壳出气管、供回油管、冷凝器筒体等位置。

2. 离心式压缩机的运行管理

(1) 压缩机吸气口温度应比蒸发温度高 1～2℃ 或 2～3℃。蒸发温度一般在 0～10℃ 之间，一般机组多控制在 0～5℃。

(2) 压缩机排气温度一般不超过 60～70℃。如果排气温度过高，会引起冷却水水质的变化，杂质分解增多，使设备被腐蚀损坏的可能性增加。

(3) 油温应控制在 43℃ 以上，油压差应在 0.15～0.2MPa。润滑油泵轴承温度应为 60～74℃ 范围。如果润滑油泵运转时轴承温度高于 83℃，就会引起机组停机。

(4) 冷却水通过冷凝器时的压力降低范围应为 0.06～0.07MPa。冷冻水通过蒸发器时的压力降低范围应为 0.05~0.06 MPa。如果超出要求的范围，就应通过调节水泵出口阀门及冷凝器、蒸发器的进水阀门进行调整，将压力控制在要求的范围内。

(5) 冷凝器下部液体制冷剂的温度，应比冷凝压力对应的饱和温度低 2℃ 左右。

(6) 从电动机的制冷剂冷却管道上的含水量指示器上，应能看到制冷剂液体的流动及干燥情况是否在合格范围内。

(7) 机组的蒸发温度比冷冻水出水温度低 2~4℃，冷冻水出水温度一般为 5~7℃ 左右。

(8) 机组的冷凝温度比冷却水的出水温度高 2~4℃，冷凝温度一般控制在 40℃ 左右，冷凝器进水温度要求在 32℃ 以下。

(9) 控制盘上电流表的读数小于或等于规定的额定电流值。

(10) 机组运行声音均匀、平衡，听不到喘振现象或其他异常声响。

3. 离心式压缩机的停机操作

离心式压缩机停机操作分为正常停机和事故停机两种情况。

(1) 在正常运行过程中，因为定期维修或其他非故障性的主动方式停机，称为机组的正常停机。正常停机一般采用手动方式，机组的正常停机基本上是正常启动过程的逆过程。正常停机过程如图 6-1 所示。机组正常停机过程中应注意以下几个问题：

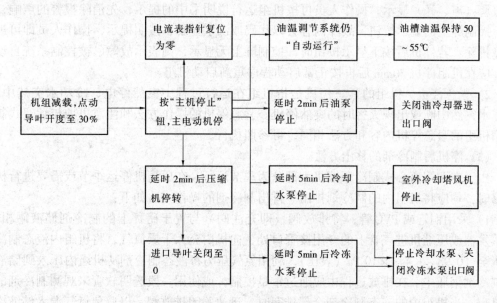

图 6-1 离心式制冷压缩机正常停机操作程序框图

1) 停机后，油槽油温应继续维持在 50~55℃ 之间，防止制冷剂大量溶入冷冻润滑油中。

2) 压缩机停止运转后，冷冻水泵应继续运行一段时间，保持蒸发器中制冷剂的温度在 2℃ 以上，防止冷冻水产生冻结。

3) 在停机过程中要注意主电动机有无反转现象，以免造成事故。主电动机反转是由于在停机过程中，压缩机的增压作用突然消失，蜗壳及冷凝器中的高压制冷剂气体倒灌所致。因此，压缩机停机前在保证安全的前提下，应尽可能关小导叶角度，降低压缩机出口压力。

4）停机后，抽气回收装置与冷凝器、蒸发器相通的波纹管阀、小压缩机的加油阀、主电动机、回收冷凝器、油冷却器等的供应制冷剂的液阀，以及抽气装置上的冷却水阀等应全部关闭。

5）停机后仍应保持主电动机的供油、回油的管路畅通，油路系统中的各阀一律不得关闭。

6）停机后除向油槽进行加热的供电和控制电路外，机组的其他电路应一律切断，以保证停机安全。

7）检查蒸发器内制冷剂的液位高度，与机组运行前比较，应略低或基本相同。

8）再检查一下导叶的关闭情况，必须确认处于全关闭状态。

（2）事故停机的操作。

事故停机分为故障停机和紧急停机两种情况。

1）故障停机。机组的故障停机是指机组在运行过程中某部位出现故障，电气控制系统中保护装置动作，实现机组正常自动保护的停机。

故障停机是由机组控制系统自动进行的，与正常停机不同在于主机停止指令是由电脑控制装置发出的，机组的停止程序与正常停机过程相同。在故障停机时，机组控制装置会有报警（声、光）显示，操作人员可按机组运行说明书中的提示，先消除报警的声响，再按下控制屏上的显示按钮，故障内容会以代码或汉字显示，按照提示，操作人员即可进行故障排除。若停机后按下显示按钮时，控制屏上无显示，则表示故障已被控制系统自动排除，应在机组停机 30min 后再按正常启动程序重新启动机组。

2）紧急停机。机组的紧急停机是指机组在运行过程中突然停电、冷却水突然中断、冷冻水突然中断或出现火警时的突然停机。紧急停机的操作方法和注意事项与活塞式制冷压缩机组的紧急停机内容和方法相同，可参照执行。

（3）停机后制冷剂的移出方法。

由于空调用离心式制冷压缩机大部分为季节运行，在压缩机停运季节或需要进行机组大修时，均应将机组内的制冷剂排出。排出制冷剂的操作方法如下：

1）采用铜管或 PVC 管，将排放阀（即充注阀）与置于磅秤上的制冷剂储液罐相连。从蒸发器或压缩机进气管上的专用接管口处，向机内充入干燥氮气，将机组内液态制冷剂加压至 $(0.98～1.4)\times 10^5 Pa$（表压），利用氮气压力将液态制冷剂从机组内压入到储液罐或制冷剂钢瓶中。在排放过程中应通过重量控制，或使用一段透明软管来观测制冷剂的排放过程。当机组内的液态制冷剂全部排完时，迅速关闭排放阀，以避免氮气混入储液罐或制冷剂钢瓶中。

2）存储制冷剂用的储液罐或制冷剂钢瓶，不得充灌得过满，应留有 20% 左右的空间。制冷剂钢瓶装入制冷剂后应存放在阴凉、干燥的通风处。

3）机组内液体制冷剂排干净以后，开动抽气回收装置，使机组内残存的制冷剂气体被抽气回收装置中的冷却水液化以后排入到制冷剂钢瓶中。

4）如果机组内的制冷剂混入了润滑油，并且润滑油又大量地漂浮在制冷剂液体表面时，可在制冷剂液体基本回收完毕时，断开向储液罐或制冷剂钢瓶的输送，将机组内剩余的制冷剂与润滑油的混合物排入专用的分离罐中，然后再对分离罐进行加热，使油、气分离，对制冷剂进行回收。如果没有专用的分离罐时，也可将混有大量润滑油的制冷剂排入污水沟，排入时应严禁烟火，并对室内进行机械通风。

5) 已回收的制冷剂应取样进行成分分析，以决定能否继续使用。如果制冷剂中含油量大于5%或含水量大于2.5×10^{-5}g/g，就应进行加热分离处理后再使用。

八、溴化锂吸收式制冷机的启动与运行管理

1. 溴化锂制冷机的开机操作

溴化锂制冷机在完成开机前的准备工作以后，就可以转入启动运行了。现以蒸汽双效型机组（并联流程）为例，介绍溴化锂制冷机的开机操作方法。

机组的启动有自动和手动两种方法。一般机组启动时，为保证安全多采用手动方法启动，待机组运行正常后再转入自动控制。手动启动的操作方法如图6-2所示。

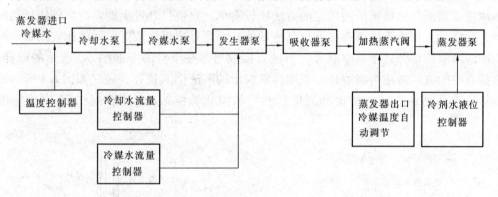

图6-2 溴化锂制冷机组启动程序框图

溴化锂制冷机组启动过程中应注意以下几个问题：

(1) 启动冷却水泵和冷媒水泵后，要慢慢地打开两泵的排出阀，并逐步调整流量至规定值，通水前应将封头箱上的放气旋塞打开，以排除空气。

(2) 启动发生器泵后，调节送往发生器的两阀门的开度，分别调节送往高、低压发生器中的溴化锂溶液的流量，使高、低压发生器的液位保持一定。在采用混合溶液喷淋的两泵系统中，可调节送往引射器的溶液量，引射由溶液热交换器出来的浓溶液，使喷淋在吸收器管簇上的溶液具有良好的喷淋效果。

(3) 在专设吸收器溶液泵的系统中，启动吸收器泵后，打开泵的出口阀门，使溶液喷淋在吸收器的管簇上。根据喷淋情况，调整吸收器的喷淋溶液量（采用浓溶液直接喷淋的系统，可以省略这一调节步骤）。

(4) 打开加热蒸汽阀时，应先打开凝结水放泄阀，排除蒸汽管道中的凝结水，然后再慢慢地打开蒸汽截止阀，向高压发生器供汽。对装有调节阀的机组，缓慢打开调节阀，按0.05MPa、0.1MPa、0.125MPa（表压）的递增顺序提高压力至规定值。在初始运行的20~30min内，蒸汽压力不宜大于0.2~0.3 MPa（表压），以免引起严重的汽水冲击。

(5) 当蒸发器液囊中的冷剂水液位达到规定值（一般以蒸发器视镜浸没且水位上升速度较快为准）时，启动冷剂泵（蒸发器泵），调整泵出口的喷淋阀门，使被吸收掉的蒸汽与从冷凝器流下来的冷剂水相平衡，机组至此也完成了启动过程，应逐渐转入正常运转状态。

(6) 机组进入正常运行后，可在工作蒸汽压力为 0.2~0.3MPa（表压）的工况下，启动真空泵运行，抽出机组中残余的不凝性气体。抽气工作可分若干次进行，每次 5~10min。

2. 溴化锂制冷机的运行管理

机组转入正常运行后，操作人员应做好以下工作：

(1) 溶液浓度的测定与调整。

溴化锂制冷机运转初期，当外界条件如加热蒸汽压力、冷却水进口温度和流量、冷媒水出口温度和流量等基本达到要求后，应对进入高、低发生器的溶液循环量进行调整。

溶液循环量是否合适，可通过测量吸收器出口稀溶液的浓度和高低压发生器出口浓溶液的浓度来判断。测量稀溶液浓度的方法比较简单，只要打开发生器泵出口阀用量筒取样即可。取样后，用浓度计可直接测出其浓度值。而测量浓溶液浓度取样就比较困难。这是因为浓溶液取样部分处于真空状态，不能直接取出，必须借助于如图 6-3 所示的取样器，通过抽真空的方式对浓溶液取样，把取样器取出的溶液倒入量杯，通过如图 6-4 所示的浓度测量装置来测量溶液的密度和温度，然后从溴化锂溶液的密度图表中查出相应的浓度。

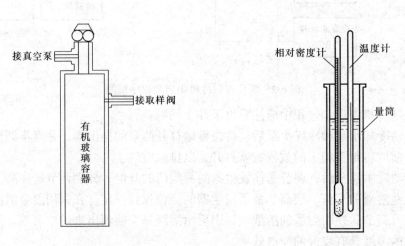

图 6-3　取样器示意图　　　　图 6-4　浓度测量示意图

通常高、低压发生器的放气范围为 4%~5%，通过调节进入高低压发生器的溶液循环量，可调整两个发生器的放气范围，直到达到要求为止。

(2) 冷剂水相对密度的测量。

冷剂水相对密度是否正常是溴化锂制冷机正常运行的重要标志之一。测量时先抽取冷剂水，然后用相对密度计直接进行测定。一般冷剂水的相对密度小于 1.04 属于正常运行。若冷剂水的相对密度大于 1.04，则说明冷剂水中已混有溴化锂溶液，冷剂水已被污染。这时就应查出原因，对已污染的水进行再生处理，直到相对密度接近 1.0 为止。

冷剂水的再生处理方法是：关闭冷剂泵出口阀，打开冷剂水旁通阀，使蒸发器液囊中的冷剂水全部旁通入吸收器中。冷剂水旁通后，关闭旁通阀，停止冷剂泵运行。待冷剂水重新在冷剂水液囊中聚集到一定量后，再重新启动冷剂泵运行。如果一次旁通不理想，可重复 2~3 次，直到冷剂水的密度合格为止。

(3) 溶液参数的调整。

机组运行初期，溶液中铬酸锂含量因生成保护膜会逐渐下降。此外，如果机组内含有空气，即使是极微量也会引起化学反应，溶液的 pH 值增加，甚至会引起机组内部的腐蚀。因此，机组运行一段时间后，应取样分析铬酸锂的含量和 pH 值以及铁、铜、氯离子等杂质的含量。

当铬酸锂的含量低于 0.1% 时，应及时添加至 0.3% 左右，使 pH 值保持在 9.0~10.5 之间 (9.0 为最合适值，10.5 为最大允许值)。若 pH 值过高，就可用加入氢溴酸 (HBr) 的方法调整，若 pH 值过低就可用加入氢氧化锂 (LiOH) 的方法调整。添加氢溴酸时，浓度不能太高，添加速度也不能太快，否则，将会使筒体内侧形成的保护膜脱落，引起铜管、喷嘴的化学反应以及焊接部位的点蚀。氢溴酸的添加方法是：从机内取出一部分溶液放在溶器中，缓慢加入 5 倍以上蒸馏水稀释的适当浓度的氢溴酸 (浓度为 4%)，待完全混合后，再注入机组内。添加氢氧化锂与添加氢溴酸的方法相同。一般情况下，机组初投入运行时应对溶液取样，用万能纸测试其 pH 值，并作好记录，取出的样品应密封保存，作为运行中溶液定期检查时的对比参考。

为减缓溶液对机组的腐蚀，一般用铬酸锂作为缓蚀剂。在机组运行过程中，因各种原因，溶液中的缓蚀剂会消耗很大，为保证机组安全运行，应随时监测机组中溶液的颜色变化。并根据颜色变化来判定缓蚀剂的消耗情况，及时调整缓蚀剂量的加入量。溶液颜色与缓蚀剂量的消耗情况可参考表 6-1。

溶液的目测检查　　　　　　　表 6-1

项目	状态	判断	项目	状态	判断
颜色	淡黄色	缓蚀剂消耗大	浮游物	极少	无问题
	无色	缓蚀剂消耗过大		有铁锈	氧化铁多
	黑色	氧化铁多，缓蚀剂消耗大	沉淀物	大量	氧化铁多
	绿色	铜析出			

注：1. 除判断沉淀物多少外，均应在取样后立刻检验；
　　2. 检查沉淀物时，试样应静置数小时；
　　3. 观察颜色时，试样也应静置数小时。

在溴化锂制冷机组的运行中，为了提高机组的性能，在溶液中一般都要加入一种能量增强剂——辛醇。辛醇的添加量一般为溶液量的 0.1%~0.3%。辛醇的加入方法与加入氢溴酸的方法相同。机组在运行过程中，由于一部分辛醇会漂浮在冷剂水的表面或在真空泵排气时，随同机组内的不凝性气体被一同排出机外，使机组内辛醇循环减少。鉴别辛醇是否需要补充的简单办法是：在机组的正常运行中，可在低负荷运行时，将冷剂水旁通至吸收器中，当发现抽出的气体中辛辣味较淡时，可作适当的补充。

第三节　空调系统日常维护与故障分析

一、空调系统的日常维护

为了减少空调系统运行的故障，满足使用要求，并实现使用寿命、经济节能等技术指标，就要做好日常的维护工作。日常维护的目的是使系统设备处于良好的技术状态。

保证系统设备处于良好技术状态的基本要求是：操作维护人员应对空调系统设备的结构功能、技术指标、使用方法及维护保养等方面的知识进行全面地学习和实际操作技能的训练，经过技术考核合格后，持证上岗。上岗后要认真做到"三好"、"四会"。"三好"一是"管好"，就是对所管理的设备负责，应保证设备主体及其随机附件、仪器仪表、防护装置和技术档案等完好齐备；二是"用好"，就是严格执行操作规程，不让设备超负荷和"带病"运行；三是"修好"，就是应定期维护保养，使设备的外观和传动部分保持良好状态。一般要求操作维护人员具备排除简单故障和小修的能力，并能配合修理人员做好设备的中、大修工作。

"四会"即会使用，会保养，会检查，会排除简单的运行故障。会使用要求操作者熟悉设备的结构性能，能够按操作规程对空调系统进行操作运行。会保养要求操作者会作简单的日常保养工作，正确理解并执行好设备维护规程，保持设备的清洁和润滑。会检查要求操作者在值班时认真检查各种设备的运行状态及系统的运行参数是否在要求的范围内，如果发现设备故障或运行中出现问题，会按值班规程及时处理。并告知接班者和上报，待处理完毕后才能继续运行或交班离岗。在设备运行过程中，应注意观察各部位的工作情况，注意运转的声音、气味、振动情况和各关键部位的温度等。会排除简单的运行故障是要求操作者熟悉设备的运行特征，能够鉴别设备工作正常或异常，会做一般的调整和简单的故障排除，不能自己解决时要及时报告并协同维修人员进行排除。

1. 日常维护的基本要求

（1）整齐清洁。工具、工件、附件放置整齐，设备零部件及安全防护装置齐全。设备内外清洁，无跑、冒、滴、漏现象，机房洁净。

（2）润滑良好。按时给设备加油、换油，使用的润滑油应符合设备技术文件规定，质量合格。

（3）遵守规程。健全并严格遵守操作和维护规程，做好值班巡查和交接班工作。及时发现故障苗头，精心维护，防止扩大，使设备运行在最佳状态。

（4）措施完善。对于大中型公共建筑的空调系统，有生物安全要求的净化空调系统，当空调系统本身或建筑内其他系统设备发生事故时，必须有完善、协调的故障报警及处理措施。

2. 设备维护规程的基本内容

（1）启动前应认真检查风机传动皮带的松紧程度，各种阀门所处状态是否处于待启动状态，检查合格后方可启动。

（2）必须按照说明书和有关技术文件规定的顺序和方法进行启动运行。

（3）严格按照设备的技术规定和要求进行运行，不准超负荷运行，做好值班记录。

（4）设备运行时，操作者不得离开工作岗位，并要注意各部位有无异味、过热、剧烈振动或异常声响等。若发现有故障应立即停止运行，及时排除。

（5）设备上一切安全防护装置不得随意拆除，以免发生事故。

（6）认真做好交接班工作，特别要向接班人员讲清楚设备发生故障后的处理情况，使接班者做到心中有数，做好防范工作。

3. 空调系统的维修制度

设备维修时间一般按设备运行周期进行，除了由运行人员承担的日常维修，以及技术人员和维修班、组长承担的预防性检修外，还要按期对设备进行大、中、小修，以恢复设备的功能和精度。大、中、小修周期为：大修→小修→小修→中修→小修→小修→中修→小修→小修→大修。每一大修周期基本构成包括六个小修和两个中修。时间间隔可参照以下规定：二班制运行的设备5~6年大修，2年中修，8个月小修，4个月定期预检；三班制运行的设备可相对缩短时间间隔。复杂的设备维修工作应由两人以上进行，凡两个以上的维修项目，必须指定主要负责人，负责整个设备维修的工作安排与分工，以防忙乱和差错。对于机械零件的装配与拆卸都必须按技术规定进行，不能随便地敲打撞击，要按照拆下顺序排放零、部件并编号，以便记忆。清洗零、部件时要认真地检查，看有无损伤现象。拆卸清洗后要及时上油，以防零、部件锈蚀。在设备安装与装配时，要注意设备技术要求，特别是配合要求，保证质量，不能违反装配程序来装配、安装和运转设备。检修工作完毕后，维修人员应检查工具与零、部件有无丢失或缺少现象。设备试车前应先检查机内有无异物。维修后运转若有异常情况应及时停车复检。对于维修后的设备，维修人员应把维修部件和试车情况及时向运行操作人员介绍，请运行操作人员注意检查刚修好并投入使用的设备和部件。

维修人员要严格执行技术安全规程和防火条例。在维修电气线路和电盘（箱）时要有监护人，以免发生意外；在使用易燃物品时，要严禁烟火；在高空作业的操作人员要加保护绳；在密闭容器或地沟作业时，要注意通风。

维修人员要认真填写维修报告，对维修的设备、项目、内容要填写清楚。填写后交技术负责人或班组、车间存档。使用单位无中、大修能力时可以聘请专业修理服务公司。

二、空调系统常见故障及处理方法

1. 集中式空调系统常见故障及处理方法

空调系统是否出现故障，主要是看其运行参数是否合乎要求。当运行参数与设计参数出现明显偏差时，就要查清产生的原因，找出排除故障的方法。表6-2所列为集中式空调系统常见故障与处理方法。

集中式空调系统的常见故障与处理方法　　　　表6-2

序号	故障现象	产生原因	处理方法
1	送风参数与设计值不符	（1）冷热媒参数和流量与设计值不符；空气处理设备选择容量偏大或偏小； （2）空气处理设备热工性能达不到额定值； （3）空气处理设备安装不当，造成部分空气短路，空调箱或风管的负压段漏风，未经处理的空气漏入； （4）挡水板挡水效果不好； （5）送风管和冷媒水管温升超过设计值	（1）调节冷热媒参数与流量，使空气处理设备达到额定能力，如仍达不到要求，可考虑更换或增加设备； （2）测试空气处理设备热工性能，查明原因，消除故障。如仍达不到要求，可考虑更换设备； （3）检查设备、风管，排除短路与漏风； （4）检查并改善喷水室挡水板，消除漏风带水； （5）管道保温不好，加强风管、水管保温

续表

序号	故障现象	产生原因	处理方法
2	室内温度、相对湿度均偏高	(1) 制冷系统制冷量不足； (2) 喷水室喷嘴堵塞； (3) 通过空气处理设备的风量过大、热湿交换不良； (4) 回风量大于送风量，室外空气渗入； (5) 送风量不足（可能过滤器堵塞）； (6) 表冷器结霜，造成堵塞	(1) 检修制冷系统； (2) 清洗喷水系统和喷嘴； (3) 调节通过空气处理设备的风量，使风速正常； (4) 调节回风量，使室内正压； (5) 清理过滤器，使送风量正常； (6) 调节蒸发温度，防止结霜
3	室内温度合适或偏低，相对湿度偏高	(1) 送风温度低（可能是一次回风的二次加热器未开或不足）； (2) 喷水室过水量大，送风含湿量大（可能是挡水板不均或漏风）； (3) 机器露点温度和含湿量偏高； (4) 室内产湿量大（如增加了产湿设备，用水冲洗地板，漏汽、漏水等）	(1) 正确使用二次加热器，检查二次加热器的控制与调节装置； (2) 检修或更换挡水板，堵漏风； (3) 调节三通阀，降低混合水温； (4) 减少湿源
4	室内温度正常，相对湿度偏低（这种现象常发生在冬季）	(1) 室外空气含湿量本来较低，未经加湿处理，仅加热后送入室内； (2) 加湿器系统故障	(1) 有喷水室时，应连续喷循环水加湿，若是表冷器系统应开启加湿器进行加湿； (2) 检查加湿器及控制与调节装置
5	系统实测风量大于设计风量	(1) 系统的实际阻力小于设计阻力，风机的送风量因而增大； (2) 设计时选用风机容量偏大	关小风量调节阀，降低风量；有条件时可改变（降低）风机的转速
6	系统实测风量小于设计风量	(1) 系统的实际阻力大于设计阻力，风机送风量减小； (2) 系统中有阻塞现象； (3) 系统漏风； (4) 风机出力不足（风机达不到设计能力或叶轮旋转方向不对，皮带打滑等）	(1) 条件许可时，改进风管构件，减小系统阻力； (2) 检查清理系统中可能的阻塞物； (3) 检查漏风点，堵漏风； (4) 检查、排除影响风机出力的因素
7	系统总送风量与总进风量不符，差值较大	(1) 风量测量方法与计算不正确； (2) 系统漏风或气流短路	(1) 复查测量与计算数据； (2) 检查堵漏，消除短路
8	机器露点温度正常或偏低，室内降温慢	(1) 送风量小于设计值，换气次数少； (2) 有二次回风的系统，二次回风量过大； (3) 空调系统房间多、风量分配不均匀	(1) 检查风机型号是否符合设计要求，叶轮转向是否正确，皮带是否松弛，开大送风阀门，消除风量不足因素； (2) 调节，降低二次回风量； (3) 调节，使各房间风量分配均匀
9	室内气流速度超过允许流速	(1) 送风口速度过大； (2) 总送风量过大； (3) 送风口的形式不合适	(1) 增大风口面积或增加风口数，开大风口调节阀； (2) 降低总风量； (3) 改变送风口形式，增加紊流系数
10	室内气流速度分布不均，有死角区	(1) 气流组织设计考虑不周； (2) 送风口风量未调节均匀，不符合设计值	(1) 根据实测气流分布图，调整送风口位置，或增加送风口数量； (2) 调节各送风量使其与设计值相符

续表

序号	故障现象	产生原因	处理方法
11	室内空气清洁度不符合设计要求（空气不新鲜）	(1) 新风量不足（新风阀门未开足，新风道截面积小，过滤器堵塞等）； (2) 室内人员超过设计人数； (3) 室内有吸烟或燃烧等耗氧因素	(1) 对症采取措施增大新风量； (2) 减少不必要的人员； (3) 禁止在空调房间内吸烟和进行不符合要求的耗氧活动
12	室内洁净度达不到设计要求	(1) 过滤器效率达不到要求； (2) 施工安装时未按要求擦净设备及风管内的灰尘； (3) 运行管理未按规定打扫清洁； (4) 生产工艺流程与设计要求不符； (5) 室内正压不符合要求，室外有灰尘渗入	(1) 更换不合格的过滤器； (2) 设法清理设备与管道内灰尘； (3) 加强运行管理； (4) 改进工艺流程； (5) 增加换气次数和调正压
13	室内噪声大于设计要求	(1) 风机噪声高于额定值； (2) 风管及阀门、风口风速过大，产生气流噪声； (3) 风管系统消声设备不完善	(1) 测定风机噪声，检查风机叶轮是否碰壳，轴承是否损坏，减振是否良好，对症处理； (2) 调节各种阀门、风口，降低过高风速； (3) 增加消声弯头等设备

2. 空气处理设备常见故障及处理方法

空气处理设备的故障，主要是指对空气进行热、湿和净化处理的设备所发生的故障。表 6-3 为空气处理设备的常见故障与处理方法。

空气处理设备的常见故障与处理方法　　　　表 6-3

设备名称	故障现象	处理方法
喷水室	(1) 喷嘴喷水雾化不够； (2) 热、湿交换性能不佳	(1) 加强给水过滤、防止喷孔堵塞，提供足够的给水压力； (2) 检查喷嘴布置密度形式、级数等，对不合理的进行改造，检查前挡水板的均风效果
表面换热器	(1) 热交换效率下降； (2) 冷凝水外溢； (3) 有水击声	(1) 清除管内水垢，保持管外肋片洁净； (2) 修理表面冷却器凝水盘，疏通凝水盘泄水管； (3) 以蒸汽为热源时，要有 1/100 的坡度以利排水
电加热器	裸线式电加热器电热丝表面温度太高，粘附其上的杂质分解，产生异味	更换管式电加热器
加湿器	(1) 加湿量不够； (2) 干式蒸汽加湿器的噪声太大，有水蒸气特有的气味	(1) 检查湿度敏感元件、控制器与加湿器工作状况； (2) 改用电加湿器
净化处理设备	(1) 净化达不到设计标准； (2) 过滤阻力增大，过滤风量减小； (3) 高效过滤使用周期短	(1) 重新评估净化标准，合理选择空气过滤器； (2) 定时清洁过滤器； (3) 检查粗、中效过滤过滤效果

续表

设备名称	故障现象	处理方法
风道	（1）噪声过大； （2）长期使用或施工质量不合格，使风管法兰连接不严密造成漏风，引起风量不足； （3）隔热板脱落，保温性能下降	（1）避免风道急剧转弯，尽量少装阀门，必要时在弯头、三通支管等处装导流片；消声器损坏时，更换新的消声器； （2）应经常检查所有接缝处的密封性能，更换不合格的垫料，进行堵漏； （3）补上隔热板，完善隔热层和防潮层

3. 风机盘管机组常见故障及处理方法

（1）风机盘管机组的维护。

风机盘管机组在使用中要做好以下工作：

1）空气过滤器的清洗和更换。

风机盘管机组在使用了一段时间后，其空气过滤器表面会积存许多灰尘，若不及时清洗，会增加通过风机盘管机组的空气阻力，从而影响机组的换热效率，如果灰尘厚度超过极限值，还有可能将进风通路堵死，使机组无法工作。空气过滤器的清洗或更换周期由机组所处的环境、每天的工作时间及使用条件决定。一般机组连续工作时，应每半个月清洗一次空气过滤器，一年更换一次空气过滤器。

2）盘管换热器的维护。

机组在使用时为防止盘管内结垢，应对冷冻水作软化处理。冬季运行时禁止使用高温热水或蒸汽作为热源，使用的热水温度不宜超过60℃。如果机组在运行过程中供水温度及压力正常，而机组的进、出风温差过小，可推测是否为盘管内水垢太厚所致，应对盘管进行检查和清洗。夏季初次启用风机盘管机组时，应控制冷水温度，使其逐步降至设计水温，避免因立即通入温度较低的冷水而使机壳和进、出水口产生结露滴水现象。在运行过程中，若盘管与翅片之间积有明显灰尘，可使用压缩空气吹除，若发现盘管有冻裂或腐蚀造成泄漏时，应及时用气焊进行补漏。

3）机组风机的维护。

机组风机扇叶在长时间运行过程中会粘附上许多灰尘，以至影响风机的工作效率。因此，当风机扇叶上出现明显灰尘时，应及时用压缩空气予以清除。

4）机组滴水盘的清洗。

风机盘管机组在夏季运行中，当盘管结露以后，冷凝水落到滴水盘中，并通过防尘网流入排出管排出，但由于空气中的灰尘慢慢粘附在滴水盘内，会造成防尘网和排水管堵塞，如果不及时对其进行清洗，冷凝水就会从滴水盘中溢出，造成房间滴水或污染顶棚等现象。滴水盘一般应在每年夏季使用前清洗一次，机组连续制冷运行3个月后再清洗一次。

5）机组的排污和管道保温。

风机盘管机组若长时间停用，管道排空后会进入空气产生锈渣积存在管道中。开始送水后便会将其冲刷下来带至盘管入口和阀门处造成堵塞。因此，应在机组盘管的进、出水管上安装旁通管。在机组使用前，利用旁通管冲刷供、回水管路，将锈渣带到回水箱中，再予以清除。机组在运行过程中，要随时检查管道及阀门的保温情况，防止保温层出现断裂，造成管道或阀门凝水，污染顶棚或墙壁。

6）风机盘管机组的常见故障及处理方法。

风机盘管机组在使用中常见的故障与处理方法见表6-4。

4. 冷却塔的常见故障及处理方法

空调系统的冷却水必须符合水质要求标准。不合格的冷却水中金属离子会附着在管壁上结成水垢，这样不但影响传热效果，而且还会使管径缩小，导致冷却水循环量不符合冷却需要，引起制冷系统能力严重下降。另外，冷却水吸收制冷机的冷凝热量后送上冷却塔，经冷却塔喷淋与大气直接接触，使冷却水中的二氧化碳逸散，溶解氧增加，部分水蒸发后使水中溶解盐类的浓度和浊度增大，循环水水质恶化，给水系统带来结垢、腐蚀、污泥和菌藻等问题。因此，空调制冷系统中使用的冷却循环水必须符合水质标准。

风机盘管机组的常见故障与处理方法 表6-4

序号	故障现象	产 生 原 因	处 理 方 法
1	风机不转	(1) 停电； (2) 忘记插电源； (3) 电压低； (4) 配线错误或接线端子松脱； (5) 电动机故障； (6) 电容器不良； (7) 开关接触不良	(1) 查明原因或等待复电； (2) 将插头插入； (3) 查明原因； (4) 检查线路，修复； (5) 检查后修复或更换； (6) 更换； (7) 修复或更换
2	风机能转动，但不出风或风量小	(1) 电源电压异常； (2) 反转； (3) 风口或机内有障碍物	(1) 查明原因； (2) 改变接线； (3) 去除
3	机壳外面结露	(1) 内部保温破损； (2) 冷风有泄漏； (3) 室内有造成结露的条件	(1) 修补； (2) 修补漏风点； (3) 消除结露的条件
4	有异物吹出	(1) 由于腐蚀造成风机叶片表面有锈蚀物； (2) 过滤器破损、老化； (3) 保温材料破损、老化； (4) 机组内灰尘太多	(1) 更换风机； (2) 更换空气过滤器； (3) 更换保温材料； (4) 清扫内部
5	漏电	电线有破损、漏电	修复线路
6	漏水	(1) 安装不良； (2) 凝水盘倾斜； (3) 排水口堵塞； (4) 水管有漏水处； (5) 冷凝水从管子上滴下； (6) 接头处安装不良； (7) 排气阀忘记关闭	(1) 机组水平安装； (2) 调整； (3) 清除堵塞物； (4) 检查更换水管； (5) 检查后重新保温； (6) 检查后紧固； (7) 将阀关闭
7	关机后风机不停	(1) 开关失灵； (2) 控制线路短路	(1) 修复或更换开关； (2) 检查线路，排除短路
8	有振动与杂音	(1) 机组安装不良； (2) 固定风机的部件松动； (3) 风的通路上有异物； (4) 风机电动机故障； (5) 风机叶片破损； (6) 送风口百叶松动； (7) 盘管内有空气； (8) 冷冻水（热水）流得太快； (9) 水管内有大量空气进入； (10) 使用定时阀时，差压太大	(1) 重新安装调整； (2) 紧固； (3) 去除异物； (4) 修复或更换电动机； (5) 更换； (6) 紧固； (7) 排气； (8) 检查水的流速； (9) 去除空气； (10) 更换合适的阀

续表

序号	故障现象	产生原因	处理方法
9	冷风（热风）效果不良	(1) 调节阀开度不够； (2) 盘管堵塞、通风不良； (3) 盘管内部有空气； (4) 电源电压下降； (5) 空气过滤器堵塞； (6) 供水（冷热水）不足； (7) 供水温度异常； (8) 送风口、回风口有障碍； (9) 前板安装不正规； (10) 气流短路； (11) 室内风分布不均匀； (12) 吊顶式的机组连接处漏风	(1) 重新调节开度； (2) 清扫盘管； (3) 排空气； (4) 查明原因； (5) 清洗空气过滤器； (6) 调节供水阀； (7) 检查冷冻水（或热水）温度； (8) 除去障碍物； (9) 按正规要求安装； (10) 检查风口有无障碍； (11) 检查调整风口； (12) 修理

为了保证冷却水的水质，冷却水系统应使用软化水（去离子水）或使用电子水处理仪对水进行处理，并按标准进行日常管理，每个月进行一次取样测试。

电子水处理仪是近年来被广泛应用于空调水系统中对水质进行处理的高科技产品，其基本工作原理是：通过对流经处理仪的水施加高频电磁场，使其物理结构和物理性质变化来实现防垢、除垢、杀菌、灭藻和防腐等作用。水在高频电磁场的作用下，原来缔合成链状的大分子断裂成单个水分子，使其活性大大增强，溶解在水中的盐类的正、负离子被单个水分子包围，运动速度降低，有效碰撞次数减少，在管壁上无法成垢，从而达到防垢的目的。对于已经在管壁上形成的垢层，其主要成分是垢分子（$CaCO_3$、$CaSO_4$等），通过分子间的作用力结合在一起，以网状结构或方石结构附着在管道内壁上。而通过高频电磁场作用后，水分子的耦极矩增大，极性增强，水分子于较高的能量状态，它能有效削弱垢分子间的作用力及其与管壁的附着力，使垢层逐渐软化、龟裂，在水流的冲刷下从管壁上脱落，实现除垢效果。高频电磁场除可破坏垢层结构以外，还可在水体中激发出大量的自由电子，能有效防止管道内壁的金属原子失去电子被氧化，并能有效地破坏引起管道腐蚀的微电池效应，从而起到防止管道氧化和腐蚀的作用。

另外，电子水处理仪的高频电磁场还能使水中产生一定量的活性氧，如超氧阴离子自由基 O_2^-，过氧化氢 H_2O_2，羟基自由基 OH 及臭氧 O_3，这些物质对水中的细菌、藻类有极强的破坏能力，因此，电子水处理仪还具有显著的杀菌、灭藻功效。

冷却水塔的日常维护与管理的主要内容有：

(1) 配水系统如不均匀应及时进行调整。

(2) 集水槽要定期清洗，百叶窗上的杂物应清理干净。

(3) 管道、喷嘴每月清洗一次。

(4) 包括轴承在内的各传动机构润滑点的润滑油必须定期更换。

(5) 减速箱的油位必须保持在正常油位范围内，新冷却塔在运行一个月后应更换一次润滑油（使用20号或30号机油）。

(6) 随时检查风机的叶片有无腐蚀，若有就必须及时更换。

(7) 若水系统中没有安装电子水处理仪，可向水系统中放入阻垢剂（聚丙烯酸钠、乙二胺四甲叉磷酸）和杀菌灭藻剂（液氯、次氯酸钠、漂白粉等）。

(8) 每年停机后,应对电动机进行检查,发现问题应及时排除。

冷却塔常见故障与处理方法见表6-5。

冷却塔常见故障与处理方法　　　　　　表6-5

序号	故障现象	产 生 原 因	处 理 方 法
1	配水不均匀	(1) 喷嘴或配水管道断裂或堵塞; (2) 供水量过大	(1) 检修损坏部件,清除杂物和清理水过滤网; (2) 调整供水量
2	冷水温度过高	(1) 回水温度过高,室外湿球温度升高; (2) 水量过大; (3) 填料不正常,堵塞; (4) 风量不足	(1) 调整回水温度; (2) 减少循环水量; (3) 整理填料,清扫; (4) 风机不匹配,更换;传动皮带过松,调整或更换
3	水量散失过多	(1) 布水系统不正常; (2) 收水器效果不好或损坏; (3) 水量过大	(1) 清洗喷嘴、喷孔; (2) 检查和整理收水器; (3) 减少循环水量
4	变速箱出现异常噪声	(1) 轴承或齿轮组磨损或歪曲; (2) 油质不良或油位太低; (3) 防护罩与齿轮摩擦	(1) 检修或调整轴承和齿轮组; (2) 更换或添加润滑油; (3) 调整间距,消除摩擦
5	主轴和联轴器振动	(1) 联轴器中心线不正; (2) 联轴器内有杂物; (3) 主轴弯曲或偏离中心; (4) 齿轮磨损	(1) 调整中心线; (2) 消除杂物; (3) 检修和调整; (4) 更换齿轮

5. 空调系统风机的常见故障及处理方法

通风机是空调风系统的主要运转设备,其常见故障与处理方法见表6-6。

风机常见故障与处理方法　　　　　　表6-6

序号	故障现象	产 生 原 因	处 理 方 法
1	机体剧烈振动	(1) 机壳或进风口与叶轮摩擦; (2) 基础的刚度不够或不牢固; (3) 叶轮铆钉松动; (4) 机壳与支架、轴承与支架、轴承盖与座连接螺栓松动; (5) 转子不平衡; (6) 联轴器不对中	(1) 进行整修,消除摩擦; (2) 基础加固或用型钢加固支架; (3) 将松动的铆钉铆紧或调换铆钉重铆; (4) 将松动螺栓旋紧,在容易发生松动的螺栓中添加弹簧垫圈防止产生松动; (5) 校正转子至平衡; (6) 重新对中
2	轴承温升过高	(1) 轴承箱振动剧烈; (2) 润滑脂质量不良、变质、填充过多或含有灰尘、砂垢等杂质; (3) 轴承座盖的连接螺栓过紧或过松; (4) 轴与滚动轴承安装歪斜,前后两轴承不同心; (5) 轴承磨损过大或严重锈蚀	(1) 检查振动原因,并加以消除; (2) 挖掉旧的润滑脂,用煤油将轴承洗净后调换新油脂; (3) 适当调整轴承座盖螺栓紧固程度; (4) 调整前后轴承座安装位置,使之平直同心; (5) 更换新轴承

续表

序号	故障现象	产生原因	处理方法
3	电动机电流过大或温升过高	(1) 启动时风机启动阀或调节阀未关闭； (2) 风量超过规定值； (3) 输送气体的密度过大，使压力增高； (4) 电动机输入电压过低或电源单相断电； (5) 联轴器连接不正； (6) 受轴承箱振动剧烈的影响； (7) 受并联风机发生的故障的影响	(1) 关闭阀门启动； (2) 调节风阀或修复漏风的部位，减少风量，降低负载功率； (3) 调节风阀，减少风量，降低负载功率； (4) 电压过低应通知电气部门处理，电源单相断电应立即停机修复； (5) 调整联轴器，重新对中； (6) 停机排除轴承座振动故障； (7) 停机检查和处理风机故障
4	皮带滑下	两皮带轮中心位置不平行	调整皮带轮的位置
5	皮带跳动	两皮带轮距离较近或皮带过长	调整电动机的安装位置
6	风量或风压不足或过大	(1) 系统阻力或风机容量不合适； (2) 风机旋转方向不对； (3) 管道局部阻塞； (4) 调节阀门的开度不合适	(1) 调整风机转速或改变系统阻力，风机容量偏小无法满足要求时应更换风机； (2) 改变转向，如改变三相交流电动机的接线相序； (3) 清除杂物； (4) 检查和调节阀门的开启度
7	风机使用日久，风量风压逐渐减少	(1) 风机叶轮、叶片或外壳锈蚀损坏； (2) 风机叶轮和叶片表面聚积灰尘； (3) 皮带太松	(1) 检修或更换损坏部件； (2) 彻底清除叶轮和叶片表面的积尘； (3) 调整皮带的松紧程度
8	风机噪声过大	(1) 振动太大； (2) 轴承等部件磨损、间隙过大	(1) 检查叶轮的平衡性，检查减振器等隔振装置是否完好； (2) 更换损坏部件

6. 水泵的常见故障及处理方法

(1) 水泵的运行保养。

1) 对采用机械密封的水泵，不准在断水状态下运转。调试时，也只可作瞬时点动。正常运转时机械密封的摩擦环处不应有较大漏水出现，否则应检修或更换动、静摩擦环。

2) 对采用半封闭型轴承的水泵，出厂时已填充了高温润滑脂，可连续运行两年，两年后每年须加润滑脂一次。若使用机油润滑，可从轴承体上的备用加油孔加入机油即可。

3) 如遇水泵叶轮损坏或轧入异物时，应拆下轴承体和尾盖，向后面拉出轴和叶轮进行检修，泵体及进出水管可不动。

4) 水泵应配套准备三年维修使用的主要易损件，如联轴器弹性块、机械密封动静摩擦环和O形橡胶圈等。

(2) 水泵常见故障与处理方法。

水泵运行时的常见故障与处理方法见表6-7。

7. 活塞式制冷压缩机的常见故障及处理方法

活塞式制冷压缩机的常见故障及处理方法见表6-8所示。

8. 离心式制冷压缩机组的常见故障及处理方法

离心式制冷压缩机组的常见故障及处理方法见表6-9～表6-15所示。

水泵常见故障与处理方法 表 6-7

序号	故障现象	产 生 原 因	处 理 方 法
1	流量不足、压力不够或不出水	(1) 泵体和吸水管路内没有灌引水或灌水不足； (2) 底阀入水深度不够； (3) 底阀叶轮或管道阻塞； (4) 吸水管有泄漏； (5) 扬程超过规定值； (6) 密封环或叶轮磨损过多； (7) 旋转方向错误； (8) 转速低； (9) 填料损坏或过松； (10) 泵的水封管路阻塞	(1) 检查底阀是否漏水并重新向水泵内灌足引水； (2) 底阀浸入吸水面的深度应大于进水管直径的1.5倍； (3) 清除阻塞物； (4) 拧紧法兰螺栓，消除泄漏； (5) 降低管路阻力，减小吸上扬程； (6) 更换磨损零件； (7) 改变电动机接线相序； (8) 检查电路的电压； (9) 调换填料； (10) 清除水封管路脏物
2	功率消耗过多	(1) 总扬程低于规定范围，供水量增加； (2) 填料压得过紧； (3) 水泵与电动机的轴线不同心； (4) 泵轴弯曲或磨损过大	(1) 关小闸阀； (2) 适当放松填料压盖； (3) 调整水泵和电动机的轴线； (4) 矫正或更换泵轴
3	产生振动、噪声大或滚珠轴承发热	(1) 吸上扬程超过允许值、水泵产生气蚀； (2) 水泵与电动机轴线不同心； (3) 滚珠轴承损坏； (4) 泵轴弯曲或磨损过多； (5) 润滑油不够； (6) 有水进入轴承壳内使滚珠轴承生锈	(1) 降低吸上扬程要求或调换合适的水泵； (2) 调整水泵与电动机轴线； (3) 更换滚珠轴承； (4) 矫直或更换泵轴； (5) 添加润滑油； (6) 查出进水原因，调换润滑油和滚珠轴承
4	填料过热或填料函漏水过多	(1) 填料压得太紧，冷却水进不去，填料盖压得太松或磨损后失去弹性和密封作用； (2) 泵轴弯曲和摆动，或泵轴表面磨损； (3) 填料缠法错误或接头不正确	(1) 调整填料压紧螺丝或更换填料； (2) 检修泵轴； (3) 更换填料，重新正确加入

活塞式制冷压缩机的常见故障及处理方法 表 6-8

故障现象	产 生 原 因	处 理 方 法
压缩机不运转	(1) 电气线路故障、熔丝熔断、热继电器动作； (2) 电动机绕组烧毁或匝间短路； (3) 活塞卡住或抱轴； (4) 压力继电器动作	(1) 找出断电原因，换熔丝或揿复位按钮； (2) 测量各相电阻及绝缘电阻，修理电机； (3) 打开机盖、检查修理； (4) 检查油压、温度、压力继电器，找出故障，修复后按复位钮
压缩机不能正常启动	(1) 线路电压过低或接触不良； (2) 排气阀片漏气，造成曲轴箱内压力过高； (3) 温度控制器失灵； (4) 压力控制器失灵	(1) 检查线路电压过低的原因及与电动机联接的启动元件； (2) 修理研磨阀片与阀座的密封线； (3) 校验调整温度控制器； (4) 校验调整压力控制器

续表

故障现象	产生原因	处理方法
压缩机启动、停机频繁	(1) 温度继电器幅差太小； (2) 排气压力过高，高压继电器切断值过低； (3) 吸气压力过高，低压继电器切断值过高	(1) 调整温度继电器的控制温度； (2) 检查冷凝器的供水情况，重新调定高压继电器的切断值； (3) 调整膨胀阀开度，重新调定低压继电器的切断值
压缩机不停机	(1) 制冷剂不足或泄漏； (2) 温控器、压力继电器或电磁阀失灵； (3) 节流装置开度过小	(1) 检漏、补充制冷剂； (2) 检查后修复或更换； (3) 加大节流装置的开度
压缩机启动后没有油压	(1) 供油管路或油过滤器堵塞； (2) 油压调节阀开启过大或阀芯损坏； (3) 曲轴箱内有制冷剂液体，油泵不上油； (4) 传动机构故障（定位销脱落、传动块脱位等）	(1) 疏通清洗油管和油过滤器； (2) 调整油压调节阀，使油压调至需要数值，或修复阀芯； (3) 及时停机，排除混在润滑油中的制冷剂； (4) 检查并修复传动机构的故障
油压过高	(1) 油压调节阀未开或开启过小； (2) 油压调节阀阀芯卡住	(1) 调整油压达到要求值； (2) 修理油压调节阀
油压不稳	(1) 油泵吸入带有泡沫的油； (2) 油路不畅通； (3) 曲轴箱内润滑油量过少	(1) 排除油起泡沫的原因； (2) 检查疏通油路； (3) 添加润滑油
油温过高	(1) 曲轴箱油冷却器缺水； (2) 主轴承装配间隙太小； (3) 油封摩擦环装配过紧或摩擦环拉毛； (4) 润滑油不清洁、变质	(1) 检查水阀及供水管路； (2) 调整装配间隙，使之符合技术要求； (3) 检查修理轴封； (4) 清洗油过滤器，换上新油
油泵不上油	(1) 油泵严重磨损，间隙过大； (2) 油泵装配不当； (3) 油管堵塞	(1) 检修更换零件； (2) 拆卸检查、重新装配； (3) 清洗过滤器和油管
曲轴箱中润滑油起泡沫	(1) 油中混有大量氨液，压力降低时由于氨液蒸发引起泡沫； (2) 曲轴箱中油太多，连杆大头搅动油引起泡沫	(1) 将曲轴箱中氨液抽空，换上新油； (2) 从曲轴箱中放油，降到规定的油面
压缩机耗油过多	(1) 油环严重磨损，装配间隙过大； (2) 油环装反，环的锁口在一条垂直线上； (3) 活塞与气缸间隙过大； (4) 油分离器自动回油阀失灵	(1) 更换油环； (2) 重新装配； (3) 调整活塞环，必要时更换活塞或缸套； (4) 检修自动回油阀，使油及时返回曲轴箱
曲轴箱压力升高	(1) 活塞环密封不严，高低压串气； (2) 排气阀片关闭不严； (3) 缸套与机座密封不好； (4) 液态制冷剂进入曲轴箱蒸发所致	(1) 检查修理； (2) 检修阀片密封线； (3) 清洗或更换垫片，并注意调整间隙； (4) 抽空曲轴箱内的液态制冷剂
能量调节机构失灵	(1) 油压过低； (2) 油管堵塞； (3) 油活塞卡住； (4) 拉杆与转动卡住； (5) 油分配阀安装不合适； (6) 能量调节电磁阀故障	(1) 调整油压； (2) 清洗油管； (3) 检查原因，重新装配； (4) 检修拉杆与转动环，重新装配； (5) 用通气法检查各工作位置是否适当； (6) 检修或更换能量调节电磁阀

续表

故障现象	产生原因	处理方法
排气温度过高	(1) 冷凝温度太高； (2) 吸气温度太低； (3) 回气温度过热； (4) 气缸的余隙容积过大； (5) 气缸盖冷却水量不足； (6) 系统中有不凝气体	(1) 加大冷却水量； (2) 调整供液量或向系统加制冷剂； (3) 按吸气温度过热处理； (4) 按设备技术要求调整余隙； (5) 加大气缸盖冷却水量； (6) 放空气
回气过热度过高	(1) 蒸发器中供液太少或系统缺制冷剂； (2) 吸气阀片漏气或破损； (3) 吸气管道隔热失效	(1) 调整供液量，或向系统加制冷剂； (2) 检查研磨阀片或更换阀片； (3) 检查更换隔热材料
排气温度过低	(1) 压缩机结霜； (2) 中间冷却器供液过多	(1) 调节关小节流阀； (2) 关小中间冷却器供液阀
压缩机排气压力比冷凝压力高	(1) 排气管道中的阀门未全开； (2) 排气管道内局部堵塞； (3) 排气管道管径太小	(1) 开足排气管道中的阀门； (2) 检查去污，清理堵塞物； (3) 通过验算，更换管径
吸气压力比正常蒸发压力低	(1) 供液太多，使压缩机吸入未蒸发的液体，造成吸气温度过低； (2) 制冷量大于蒸发器的热负荷，进入蒸发器的氨液未来得及蒸发吸热即被压缩机吸入； (3) 蒸发器上的冰霜层过厚或内部积油太多，造成制冷剂未能全部蒸发而被压缩机吸入	(1) 适当减少供液； (2) 调整压缩机，使制冷量与蒸发器的热负荷相一致； (3) 进行除霜和放油
压缩机结霜	(1) 在正常蒸发压力下，压缩机吸气温度过低，制冷剂液体被吸入气缸； (2) 中间冷却器或低压循环储液器的液面超高； (3) 热气融霜后恢复正常降温时吸气阀开启太快	(1) 关小供液阀，减少供液量，关小压缩机吸气阀，将卸载装置拨至最小容量，待结霜消除后恢复吸气阀和卸载装置； (2) 关小中间冷却器或低压循环储液器的供液阀，对中间冷却器或低压循环储液器进行排液； (3) 应缓慢开启吸气阀，并注意压缩机吸气温度，运转正常再逐渐完全开启
压力表指针跳动剧烈	(1) 系统内有空气； (2) 压力表失灵	(1) 进行放空气； (2) 检修或更换压力表
气缸中有敲击声	(1) 气缸的余隙容积过小； (2) 活塞销与连杆小头孔间隙过大； (3) 吸排气阀固定螺栓松动； (4) 安全弹簧变形，丧失弹性； (5) 活塞与气缸间隙过大； (6) 阀片破碎，碎片落入气缸内； (7) 润滑油中残渣过多； (8) 活塞连杆上螺母松动； (9) 制冷剂液体或润滑油大量进入气缸产生液击	(1) 按要求重新调整余隙容积； (2) 更换磨损严重的零件； (3) 紧固螺栓； (4) 更换弹簧； (5) 检修或更换活塞环与缸套； (6) 停机检查更换阀片； (7) 清洗换油； (8) 拆开压缩的曲轴箱侧盖，将连杆大头上的螺母拧紧； (9) 调整进入蒸发器的供液量
曲轴箱有敲击声	(1) 连杆大头瓦与曲拐轴颈的间隙过大； (2) 主轴承与主轴颈间隙过大； (3) 开口销断裂，连杆螺母松动； (4) 联轴器中心不正或联轴器键槽松动； (5) 主轴滚动轴承的轴承架断裂或钢珠磨损	(1) 调整或换新瓦； (2) 修理或换上新瓦； (3) 更换开口销，紧固螺母； (4) 调整联轴器或检修键槽； (5) 更换轴承

续表

故障现象	产生原因	处理方法
气缸拉毛	(1) 活塞与气缸间隙过小,活塞环锁口尺寸不正确; (2) 排气温度过高,引起油的黏度降低; (3) 吸气中含有杂质; (4) 润滑油黏度太低,含有杂质; (5) 连杆中心与曲轴颈不垂直,活塞走偏	(1) 按要求间隙重新装配; (2) 调整操作,降低排气温度; (3) 检查吸气过滤器,清洗或换新; (4) 更换润滑油; (5) 检修校正
阀片变形或断裂	(1) 压缩机液击; (2) 阀片装配不正确; (3) 阀片质量差	(1) 调整操作,避免压缩机严重结霜; (2) 细心、正确地装配阀片; (3) 换上合格阀片
轴封严重漏油	(1) 装配不良; (2) 动环与静环摩擦面拉毛; (3) 橡胶密封圈变形; (4) 轴封弹簧变形、弹力减弱; (5) 曲轴箱压力过高	(1) 正确装配; (2) 检查校验密封面; (3) 更换密封圈; (4) 更换弹簧; (5) 检修排气阀泄漏,停机前使曲轴箱降压
轴封油温过高	(1) 动环与静环摩擦面比压过大; (2) 主轴承装配间隙过小; (3) 填料压盖过紧; (4) 润滑油含杂质多或油量不足	(1) 调整弹簧强度; (2) 调整间隙达到配合要求; (3) 适当紧固压盖螺母; (4) 检查油质,更换油或清理油路油泵
压缩机主轴承发热	(1) 润滑油不足或缺油; (2) 主轴承径向间隙或轴向间隙过小; (3) 主轴瓦拉毛; (4) 油冷却器冷却水不畅; (5) 轴承偏斜或曲轴翘曲	(1) 检查油泵、油路,补充新油; (2) 检修和调整轴承径向间隙或轴向间隙,达到要求; (3) 检修或换新瓦; (4) 检修油冷却器管路,保证供水畅通; (5) 进行检查修理
连杆大头瓦熔化	(1) 大头瓦缺油,形成干摩擦; (2) 大头瓦装配间隙过小; (3) 曲轴油孔堵塞; (4) 润滑油含杂质太多,造成轴瓦拉毛发热熔化	(1) 检修清洗油泵,检查油路是否通畅,油压是否足够,换上新瓦; (2) 按间隙要求重新装配; (3) 检查清洗曲轴油孔; (4) 换上新油和新轴瓦
活塞在气缸中卡住	(1) 气缸缺油; (2) 活塞环搭口间隙太少; (3) 气缸温度变化剧烈; (4) 油含杂质多,质量差	(1) 疏通油路,检修油泵; (2) 按要求调整装配间隙; (3) 调整操作,避免气缸温度剧烈变化; (4) 换上合格的润滑油

离心式制冷压缩机的常见故障及处理方法 表 6-9

故障名称	现象	产生原因	处理方法
振动与噪声过大	压缩机振动值超差,甚至转子件破坏	(1) 转子动平衡精度未达到标准及转子件材质内部缺陷; (2) 运行中转子叶轮动平衡破坏: ①机组内部清洁度差; ②叶轮与主轴防转螺钉或花键强度不够或松动脱位; ③转子叶轮端头螺母松动脱位,导致动平衡破坏; ④小齿轮先于叶轮破坏而造成转子不平衡;	(1) 复核转子动平衡或更换转子件; (2) ①停机检查机组内部清洁度; ②更换键或防转螺钉; ③检查防转垫片是否焊牢,螺母螺纹方向是否正确; ④检查大小齿轮状态,决定是否能用;

续表

故障名称	现 象	产 生 原 因	处 理 方 法
振动与噪声过大	压缩机振动值超差，甚至转子件破坏	⑤主轴变形 (3) 推力块磨损，转子轴向窜动； (4) 压缩机与主电动机轴承孔不同心； (5) 齿轮联轴器齿面污垢、磨损	⑤校整或更换主轴 (3) 停机，更换推力轴承； (4) 停机调整同轴度； (5) 调整、清洗或更换
	喘振，强烈有节奏的噪声及嗡鸣声，电流表指针大幅度摆动	(1) 滑动轴承间隙过大或轴承盖过盈太小； (2) 密封齿与转子件碰擦； (3) 压缩机吸入大量制冷剂液； (4) 进出气接管扭曲，造成轴中心线倾斜； (5) 润滑油中溶入大量制冷剂，轴承油膜不稳定； (6) 机组基础防振措施失效； (7) 冷凝压力过高； (8) 蒸发压力过低； (9) 导叶开度过小	(1) 更换滑动轴承轴瓦，调整轴承盖过盈； (2) 调整或更换密封； (3) 抽出制冷剂液，降低液位； (4) 调整进出气接管； (5) 调整油温，加热使油中制冷剂蒸发排出； (6) 调整弹簧或更换新弹簧，恢复基础防振措施； (7) 见"冷凝器"中的分析； (8) 见"蒸发器"中的分析； (9) 增大导叶开度
轴承温度过高	轴承温度逐渐升高，无法稳定	(1) 轴承装配间隙或泄（回）油孔径过小； (2) 供油温度过高： ①油冷却器水量或制冷剂流量不足； ②冷却水温或冷却用制冷剂温度过高； ③油冷却器冷却水管结垢严重； ④油冷却器冷却水量不足； ⑤螺旋冷却管与缸体间隙过小，油短路 (3) 供油压力不足，油量小： ①油泵选型太小； ②油泵内部堵塞，滑片与泵体径向间隙过小； ③油过滤器堵塞； ④油系统油管或接头堵塞 (4) 机壳顶部油——气分离器中过滤网层过多 (5) 润滑油油质不纯或变质： ①供货不纯； ②油桶与空气直接接触； ③油系统未清洗干净； ④油中溶入过多的制冷剂； ⑤未定期换油 (6) 开机前充灌制冷机油量不足	(1) 调整轴承间隙，加大泄（回）油孔径； (2) ①增加冷却介质流量； ②降低冷却介质温度； ③清洗冷却水管； ④更换或改造油冷却器； ⑤调整螺旋冷却管与缸体间隙 (3) ①换上大型号油泵； ②清洗油泵、油过滤器、油管； ③清洗或拆换滤芯； ④疏通管路 (4) 减少滤网层数 (5) ①更换润滑油； ②改善油桶保管条件； ③清洗油系统； ④维持油温，加热逸出制冷剂； ⑤定期更换油 (6) 不停机充灌足制冷机油
	轴承温度骤然升高	(1) 供回油管路严重堵塞或突然断油； (2) 油质严重不纯： ①油中混入大量颗粒状杂物，在油过滤网破裂后带入轴承内； ②油中溶入大量制冷剂、水分、空气等 (3) 轴承（尤其是推力轴承）巴氏合金严重磨损或烧熔	(1) 清洗回油管路、恢复供油； (2) 换上干净的制冷机油； (3) 拆机并更换轴承

续表

故障名称	现象	产生原因	处理方法
压缩机不能启动	启动准备工作已经完成，压缩机不能启动	(1) 主电动机的电源事故； (2) 进口导叶不能全关； (3) 控制线路熔断器断线； (4) 过载继电器动作	(1) 检查电源，使之供电； (2) 检查导叶开闭是否与执行机构同步； (3) 检查熔断器，断线的更换； (4) 检查继电器的设定电流值
	油泵不能启动	(1) 防止频繁启动的定时器动作； (2) 磁开关不能合闸	(1) 等过了设定时间后再启动； (2) 按下过载继电器复位按钮，检查熔断器是否断线

主电动机的常见故障及排除方法　　表 6-10

故障现象	产生原因	处理方法
轴承温度过高	(1) 轴弯曲； (2) 联结不对中； (3) 轴承供油路堵塞； (4) 轴承供油孔过小； (5) 油的黏度过高或过低； (6) 油槽油位过低，油量不足； (7) 轴向推力过大； (8) 轴承磨损	(1) 校正主电动机轴或更换轴； (2) 重新调整对中及大小齿轮平行度； (3) 拆开油路，清洗油路并换新油； (4) 扩大供油孔孔径； (5) 换用适当黏度的润滑油； (6) 补充油至标定线位； (7) 消除来自被驱动小齿轮的轴向推力； (8) 更换轴承
主电动机脏污	(1) 绕组端全部附着灰尘与绒毛； (2) 转子绕组粘结着灰尘与油； (3) 轴承腔、刷架腔内表面都粘附灰尘	(1) 拆开电动机，清洗绕组等部件； (2) 擦洗或切削，清洗后涂好绝缘漆； (3) 用清洗剂洗净
主电动机受潮	(1) 绕组表面有水滴； (2) 漏水； (3) 浸水	(1) 擦干水分，用热风吹干或作低压干燥； (2) 以热风吹干并加防漏盖，防止热损失； (3) 送制造厂拆洗并作干燥处理
主电动机不能启动	(1) 负荷过大： ①制冷负荷过大； ②压缩机吸入液体制冷剂； ③冷凝器冷却水温过高； ④冷凝器冷却水量减少； ⑤系统内有空气 (2) 电压过低； (3) 线路断开； (4) 程序有错误，接线不对； (5) 绕线电动机的电阻器故障	(1) 减小负荷： ①减少制冷负荷； ②降低蒸发器内制冷剂液面； ③降低冷凝器冷却水温； ④增加冷凝器冷却水量； ⑤开启抽气回收装置，排出空气 (2) 升高电压； (3)、(4) 检查熔断器、过负荷继电器、启动柜及按钮，更换破损的电阻片； (5) 检查修理电路，更换电阻片
电源线良好，但主电动机不能启动	(1) 一相断路； (2) 主电动机过载； (3) 转子破损； (4) 定子绕组接线不全	(1) 检修断相部位； (2) 减少负荷； (3) 检修转子的导条与端环； (4) 拆主电动机的刷架盖，查出该位置
启动完毕后停转	电源方面的故障	检查接线柱、熔断器、控制线路联结处是否松动
主电动机达不到规定转速	(1) 采用了不适当的电动机和启动器； (2) 线路电压降过大、电压过低； (3) 绕线电动机的二次电阻的控制动作不良； (4) 启动负荷过大	(1) 检查原始设计，采用适当的电动机及启动器； (2) 提高变压器的抽头，升高电压或减小负荷； (3) 检查控制动作，使之能正确作用； (4) 检查进口导叶是否全关

续表

故障现象	产　生　原　因	处　理　方　法
主电动机达不到规定转速	(5) 同步电动机启动转矩过小； (6) 滑环与电刷接触不良； (7) 转子导条破损； (8) 一次电路有故障	(5) 更改转子的启动电阻或修改转子的设计； (6) 调整电刷的接触压力； (7) 检查靠近端环处有无龟裂，必要时转子换新； (8) 用万用表查出故障部位，进行修理
启动时间过长	(1) 启动负荷过大； (2) 压缩机入口带液，加大负荷； (3) 笼型电动机转子破损； (4) 接线电压降过大； (5) 变压器容量过小，电压降低； (6) 电压低	(1) 减小负荷，检查进口导叶是否全关； (2) 抽出过量的制冷剂； (3) 更换转子； (4) 修正接线直径； (5) 加大变压器容量； (6) 提高变压器抽头，升高电压
主电动机运转中绕组温度过高或过热	(1) 过负荷； (2) 一相断路； (3) 端电压不平衡； (4) 定子绕组短路； (5) 电压过高、过低； (6) 转子与定子接触； (7) 制冷剂喷液量不足； ①供制冷剂液过滤器脏污堵塞； ②供液阀开度失灵； ③主电动机内喷制冷剂喷嘴堵塞或不足； ④供制冷剂液的压力过低 (8) 绕组线圈表面防腐涂料脱落、失效，绝缘性能下降	(1) 检查进口导叶开度及制冷剂充灌量； (2) 检修断相部位； (3) 检修导线、结线和变压器； (4) 检修，检查功率表读数； (5) 用电压表测定电动机接线柱上的线电压； (6) 检修轴承； (7) ①清洗过滤器滤芯或更换滤网； ②检修供液阀或更换； ③疏通喷嘴或增加喷嘴； ④检查冷凝器与蒸发器压差，调整工况 (8) 检查绕组线圈绝缘性能，分析制冷剂中含水量
电流不平衡	(1) 电压不平衡； (2) 单相运转； (3) 绕线电动机二次电阻连接不好； (4) 绕线电动机的电刷不好	(1) 检查导线与连接； (2) 检查接线柱的断路情况； (3) 查出接线错误，改正连接； (4) 调整接触情况或更换
电刷不好	(1) 电刷偏离中心； (2) 滑环起毛	(1) 调整电刷位置或予以更换； (2) 修理或更换
振动大	(1) 电动机对中不好； (2) 基础薄弱或支撑松动； (3) 联轴器不平衡； (4) 小齿轮转子不平衡； (5) 轴承破损； (6) 轴承中心线与轴心线不一致； (7) 平衡调整重块脱落； (8) 单相运转； (9) 端部摆动过大	(1) 调整对中； (2) 加强基础，紧固支撑； (3) 调整平衡情况； (4) 调整小齿轮转子平衡情况； (5) 更换轴承； (6) 调整对中； (7) 调整电动机转子动平衡； (8) 检查线路断开情况； (9) 调整与压缩机连接的法兰螺栓
金属声响	(1) 开式电动机的风扇与机壳接触； (2) 开式电动机的风扇与绝缘物接触； (3) 底脚紧固螺栓松脱	(1) 消除接触； (2) 消除接触； (3) 拧紧螺栓

续表

故障现象	产生原因	处理方法
磁噪声	(1) 喷嘴与电动机轴接触； (2) 轴瓦或气封齿碰轴； (3) 气隙不等； (4) 轴承间隙过大； (5) 转子不平衡	(1) 调整喷嘴位置； (2) 拆检轴承和气封； (3) 调整轴承，使气隙相等； (4) 更换轴承； (5) 调整转子平衡状况
主电动机轴承无油	(1) 油系统断油或供油量不足； (2) 供油管路，阀堵塞或未开启	(1) 检查油系统，补充油量； (2) 清洗油管路，检查阀开度
主电动机内部浸水	蒸发器或冷凝器传热管破裂 油冷却器冷却水管破裂 抽气回收装置中冷却水管破裂 制冷剂中严重含水 充灌制冷剂时带入大量水分 水冷却主电动机外水套漏水	左边各项所列的原因，应对各部件漏水情况分别处理，并对系统进行干燥除湿。 对浸水的封闭电动机必须进行以下处理： (1) 排尽积水，拆开主电动机，检查轴承本体和轴瓦是否生锈； (2) 检查转子硅钢片是否生锈并用制冷剂、除锈剂清洗； (3) 对绕组进行洗涤（用R11）； (4) 测定电动机导线的绝缘电阻，拆开接线柱上的导线，测定各接线柱对地的绝缘电阻。低电压时，应在10MΩ以上；高电压时，应在15~20MΩ以上（干燥后）； (5) 通过电热器和过滤器向主电动机内部吹入热风，热风温度应不大于90℃，排风口与大气相通； (6) 主电动机定子的干燥用电流不得超过定子的额定电流值，干燥过程中绕组温度不得超过75℃； (7) 抽真空（对机组）除湿。若真空泵出口湿球温度达到2℃，且2h后无升高，则认为干燥除湿处理结束

冷凝器的常见故障及排除方法　　　　　　　　　　　　　　　　表 6-11

故障名称	现象	产生原因	处理方法
冷凝压力过高	冷却水出水温度过高	(1) 水泵运转不正常或选型容量过小； (2) 冷却水回路上各阀未全部开启； (3) 冷却水回路上水外溢或冷却水池水位过低； (4) 水路上过滤网堵塞； (5) 冷凝器传热管内结垢	(1) 检查或增选水泵； (2) 检查各水阀并开启； (3) 检漏并提高水位； (4) 清洗水过滤网； (5) 传热管除垢，检查水质
	冷却水进出水温差和阻力损失减小	水室垫片移位或隔板穿漏	消除水室穿漏，避免水不走管程现象
	冷却水进水温度过高	(1) 冷却塔的风扇不转动； (2) 冷却水补给水量不足； (3) 淋水喷嘴堵塞	(1) 检查风扇； (2) 加足补给水； (3) 拆洗喷嘴
	制冷剂液温度过高	冷凝器内积存大量空气等不凝结气体	抽尽空气等不凝结气体

续表

故障名称	现 象	产 生 原 因	处 理 方 法
冷凝压力过低	制冷剂冷却的主电动机绕组温度上升	(1) 冷却水量过大； (2) 冷却水进水温度过低	(1) 减少水量至正确值； (2) 提高冷却水进水温度
	冷凝压力指示值低于冷却水温度相应值	压力表接管内有制冷剂凝结	不能有管子过长和中途冷却的现象，修正管子的弯圈，防止凝结

蒸发器常见故障及处理方法　　　　　　　　　　　　　　　　　　表 6-12

故障名称	现 象	产 生 原 因	处 理 方 法
蒸发压力偏低	蒸发温度与载冷剂出口温度之差增大，压缩机进口过热度加大，造成冷凝温度过高	(1) 制冷剂充灌量不足（液位下降）； (2) 机组内大量制冷剂泄漏； (3) 浮球阀动作失灵，制冷剂液不能流入蒸发器； (4) 蒸发器中漏入载冷剂（冷水）； (5) 蒸发器水室短路； (6) 水泵吸入口有空气混入参加循环	(1) 补加制冷剂； (2) 机组检漏； (3) 修复浮球阀； (4) 堵管或换管； (5) 检修水室； (6) 检修载冷剂（冷水）泵
	蒸发温度偏低，但冷凝温度正常	(1) 蒸发器传热管污垢或部分管子堵塞； (2) 制冷剂不纯或污脏	(1) 清洗传热管，修堵管子； (2) 提纯或更换制冷剂
	载冷剂（冷水）出口温度偏低	(1) 制冷量大于外界热负荷（进口导叶关闭不够）； (2) 载冷剂（冷水）温度调节器对出口温度的限定值过低； (3) 外界制冷负荷太小	(1) 检查导叶位置及操作是否正常； (2) 调整载冷剂（冷水）出口温度； (3) 减少运转台数或停开机组
蒸发压力偏高	载冷剂（冷水）出口温度偏高	(1) 进口导叶卡死、无法开启； (2) 进口导叶手动与自动均失灵； (3) 载冷剂（冷水）出口温度整定值过高； (4) 测温电阻管结露； (5) 制冷量小于外界热负荷	(1) 检修进口导叶机构； (2) 检查导叶自动切换开关是否失灵； (3) 调整温度调节器的设定值； (4) 干燥后将电阻丝密封； (5) 检查导叶开度位置及操作是否正常，机组选型是否偏小

抽气回收装置的常见故障及排除方法　　　　　　　　　　　　　表 6-13

故障名称	现 象	产 生 原 因	处 理 方 法
抽气回收装置故障	小活塞压缩机不动作	(1) 传动带过紧而卡住或带打滑； (2) 活塞因锈蚀而卡死； (3) 活塞压缩机的电动机接线不良或松脱，或电动机完全损坏； (4) 断电	(1) 更换传动带； (2) 拆机清洗； (3) 重新接线或更换电动机； (4) 停止开机
	回收冷凝器内压力过高	(1) 减压阀失灵或卡住； (2) 压差调节器整定值不正确，造成减压阀该动作而不动作； (3) 回收冷凝器上部的压力表不灵或不准	(1) 检修减压阀或更换； (2) 重新整定压差调节器数值； (3) 更换压力表

续表

故障名称	现 象	产 生 原 因	处 理 方 法
抽气回收装置故障	回收冷凝器效果差或排放制冷剂损失过大	(1) 制冷剂供冷却管路（采用制冷剂冷却的回收冷凝器）堵塞或供液阀失灵； (2) 所供制冷剂不纯； (3) 冷凝盘管表面及周围制冷剂压力、温度未达到冷凝点（温度高但压力低）； (4) 回收冷凝器盘管堵塞； (5) 回收冷凝器与冷凝器顶部的阀未开启或卡死、锈蚀、失灵； (6) 放液浮球阀不灵、卡死、关不住	(1) 清洗管路，检修供液阀； (2) 更换制冷剂； (3) 检查排气阀及电磁阀是否失灵； (4) 清洗盘管； (5) 检修阀或更换； (7) 检修浮球阀
	活塞压缩机油量减少	(1) 活塞的刮油环失效； (2) 油分离器及管路上油堵现象	(1) 检修或更换刮油环； (2) 拆检和清洗油分离器及管路
	装置系统内大量带油	(1) 对压缩机加油的加油阀未及时关闭； (2) 放液阀与放油阀同时开启，造成油灌入冷凝器； (3) 启动油泵时，油分离器底部与油槽相通的阀未关闭，油灌入油分离器内； (4) 制冷剂大量混入油中； ①排液阀不灵，制冷剂倒灌； ②机组供油不纯	(1) 及时关闭加油阀； (2) 关闭放液阀或放油阀； (3) 关闭油分离器底部与油槽相通的阀； (4) ①检修排液阀； ②加热分离油与气

润滑油系统的常见故障及处理方法 表 6-14

故障名称	现 象	产 生 原 因	处 理 方 法
压缩机无法启动	油压过低	(1) 油泵无法启动或油泵转向错误； (2) 油温太低： ①电加热器未接通； ②电加热器加热时间不够 (3) 油泵装配上存在问题： ①油泵径向间隙过大； ②滑片油泵内脏物堵塞； ③滑片松动； ④调压阀的阀芯卡死； ⑤油泵盖间隙过大 (4) 主电动机回油阀未接油槽底部而直接连通总回油管，未经加热，供油压力上不去	(1) 检查油泵电动机接线是否正确； (2) ①检查电加热器接线，重新接通； ②以油槽油温为准，延长加热时间 (3) ①拆换油泵转子； ②清洗油泵转子和壳体； ③紧固滑片； ④拆检调压阀，调整阀芯； ⑤调整端部纸片厚度 (4) 重新接通油槽
	油质不纯	(1) 油脏； (2) 不同牌号冷冻机油混合，使油的黏度降低，形不成油膜； (3) 未采用规定的制冷机油； (4) 油存放不当，混入空气、水、杂质而变质	(1) 更换油； (2) 换规定牌号冷冻机油； (3) 换规定牌号冷冻机油； (4) 改善存放条件，按油质要求判断能否继续使用
	供油量不足	(1) 油泵选型容量不足； (2) 充灌油量不足，不见油槽油位	(1) 换大容量的油泵； (2) 补给油量至规定值

续表

故障名称	现象	产生原因	处理方法
压缩机无法启动	供油压力不稳定	(1) 制冷剂充灌量不足，进气压力过低，平衡管与油槽上部空间相通，油的背压下降，供油压力无法稳定而油压过低停车； (2) 浮球上有漏孔或浮球阀开启不灵，造成制冷剂量不足，供油压力无法稳定而停车； (3) 压缩机内部漏油严重，造成油槽内油量不足，供油压力难以稳定	(1) 补足充灌制冷剂量； (2) 检修浮球阀； (3) 拆机解决内部漏油问题
油槽油温异常	油槽油温过高	(1) 电加热器的温度调节器上温度整定值过高； (2) 油冷却器的冷却水量不足： ①供水阀开度不够； ②油冷却器设计容量不足 (3) 油冷却器冷却水管内脏污或堵塞； (4) 轴承温度过高引起油槽油温过高； (5) 机壳上部油——气分离器分离网严重堵塞	(1) 重新设定温度调节器温度； (2) ①开大供水阀； ②更换油冷却器 (3) 清洗油冷却器水管； (4) 疏通管路； (5) 拆换分离网
	油槽油温过低	(1) 油冷却器冷却水量过大； (2) 电加热器的温度调节器温度整定值过低，油槽油温上不去； (3) 制冷剂大量溶入油槽内，使油槽油温下降	(1) 关小冷却水量阀； (2) 重新整定温度调节器温度值； (3) 使电加热器较长时间加热油槽，使油温上升
油压表故障	油压表读数偏高，油压表读数剧烈波动	(1) 油压调节阀失灵或开度不够； (2) 供油压力表后油路有堵塞，油泵特性转移，压力表上读数偏高； (3) 油压表质量不良或表的接管中混入制冷剂蒸气和空气，表指示紊乱； (4) 油槽油位低于回油管口，油泵吸入大量制冷剂蒸气泡沫，造成油泵气蚀，油压波动； (5) "油压过低"故障引起管路阻力特性频繁变化，油泵排出油压剧烈波动； (6) 油压调节阀不良或损坏	(1) 拆检油压调节阀； (2) 疏通压力表后油路； (3) 拆换压力表，疏通排尽不良气体； (4) 补足油量至规定油位； (5) 按本表中"油压过低"现象处理； (6) 拆检油压调节阀或更换
油泵不转	油泵不转，油泵指示灯也不亮	(1) 油泵连续启动后，油泵电动机过热； (2) 进口导叶未关闭，主电动机启动力矩过大，启动柜上空气开关跳闸，油泵无法启动	(1) 减少启动次数； (2) 启动时关闭进口导叶
	油泵不转，油泵指示灯也亮	(1) 油泵电动机三相接线反位，造成油泵反转； (2) 油泵电动机通电后，由于电动机不良造成油泵不转	(1) 调整三相接线； (2) 检查电动机
	油泵转动后又马上停转	(1) 油泵超负荷，电动机烧损； (2) 油泵电动机内混入杂质，卡死	(1) 选用更大型电动机； (2) 拆检油泵电动机

143

离心式机组的腐蚀故障及其处理方法   表 6-15

故障名称	现象	产生原因	处理方法
机组腐蚀	机组内腐蚀	(1) 机组内气密性差，使湿空气渗入； (2) 漏水、漏载冷剂； (3) 压缩机排气温度达 100℃ 以上，使制冷剂发生分解	(1) 重新检漏，做气密性试验； (2) 检修漏水部位，将机组内进行干燥处理； (3) 在压缩机中间级喷射制冷剂液体，降低排气温度
	油槽系统腐蚀	油加热器升温过高而油量过少	保持油槽中的正常油位
	管子或管板腐蚀	水质不好	进行水处理，改善水质，在冷媒水中加缓蚀剂，安装过滤器，控制 pH 值

9. 螺杆式制冷压缩机组的常见故障及处理方法

螺杆式制冷压缩机组的常见故障及处理方法见表 6-16 所示。

螺杆式制冷压缩机组的常见故障及处理方法   表 6-16

故障现象	产生原因	处理方法
启动负荷大，不能启动或启动后立即停车	(1) 能量调节未至零位； (2) 压缩机与电机不同轴度过大； (3) 压缩机内充满油或液体制冷剂； (4) 压缩机内磨损烧伤； (5) 电源断电或电压过低（低于额定值 10% 以上）； (6) 压力控制器或温度控制器故障或调节不当，使触头常开； (7) 压差控制器或热继电器断开后未复位； (8) 电动机绕组烧毁或短路； (9) 变位器、接触器、中间继电器线圈烧毁或触头接触不良； (10) 温度控制器调整不当或出故障不能打开电磁阀； (11) 电控柜或仪表箱电路接线有误	(1) 减载至零位； (2) 重新校正同轴度； (3) 盘动压缩机联轴节，将机腔内积液排出； (4) 拆卸检修； (5) 排除电路故障，按要求正常供电； (6) 拆卸检修、更换，按要求调整触头； (7) 按下复位键； (8) 检修； (9) 拆卸检查，修复； (10) 调整温度控制器的调定值或更换温控器； (11) 检查、改正
压缩机在运转中突然停车	(1) 吸气压力低于低压继电器调定值； (2) 排气压力过高，使高压继电器动作； (3) 温度控制器调得过小或失灵； (4) 电动机超载使热继电器动作或保险丝烧毁； (5) 油压过低使压差控制器动作； (6) 油精滤器压差控制器动作或压差控制器失灵； (7) 控制电路故障； (8) 仪表箱接线端松动，接触不良； (9) 油温过高，油温继电器动作； (10) 过载	(1) 查明原因，排除故障； (2) 查明原因，排除故障； (3) 调大控制范围，更换温控器； (4) 排除故障，更换保险丝； (5) 查明原因，排除故障； (6) 拆洗精滤器，压差继电器调到规定值，更换压差控制器； (7) 查明原因，排除故障； (8) 查明后紧固； (9) 增加油冷却器冷却水量； (10) 检查原因
机组振动过大	(1) 机组地脚螺栓未紧固； (2) 压缩机与电动机不同轴度过大； (3) 机组与管道固有振动频率相近而共振； (4) 吸入过量的润滑油或液体制冷剂； (5) 压缩机转子不平衡； (6) 联轴器平衡不好	(1) 塞紧调整垫铁，拧紧地脚螺栓； (2) 重新校正同轴度； (3) 改变管道支撑点位置； (4) 停机，盘动联轴器将液体排出； (5) 检查、调整； (6) 校正平衡

续表

故障现象	产 生 原 因	处 理 方 法
运行中有异常声音	(1) 压缩机内有异物； (2) 止推轴承磨损破裂； (3) 滑动轴承磨损，转子与机壳摩擦； (4) 联轴器的键松动； (5) 油泵气蚀	(1) 检修压缩机及吸气过滤器； (2) 更换； (3) 更换滑动轴承，检修； (4) 紧固螺栓或更换键； (5) 检查并排除气蚀原因
排气温度过高	(1) 冷凝器冷却水量不足； (2) 冷却水温过高； (3) 制冷剂充灌量过多； (4) 膨胀阀开启过小； (5) 系统中存有空气（压力表指针明显跳动）； (6) 冷凝器内传热管上有水垢； (7) 冷凝器内传热管上有油膜； (8) 机内喷油量不足； (9) 蒸发器配用过小； (10) 热负荷过大； (11) 油温过高； (12) 吸气过热度过大	(1) 增加冷却水量； (2) 开启冷却塔； (3) 适量放出制冷剂； (4) 适当调节； (5) 排放空气； (6) 清除水垢； (7) 回收冷冻机油； (8) 调整喷油量； (9) 更换； (10) 减少热负荷； (11) 增加油冷却器冷却水量； (12) 适当开大供液阀，增加供液量
压缩机本体温度过高	(1) 吸气温度过高； (2) 部件磨损造成摩擦部位发热； (3) 压缩比过大； (4) 油冷却器传热效果不好； (5) 喷油量不足； (6) 由于杂质等原因造成压缩机烧伤； (7) 吸入过热蒸汽	(1) 适当调大节流阀； (2) 停车检查； (3) 降低压缩比或减少负荷； (4) 清除污垢，降低水温，增加水量； (5) 增加喷油量； (6) 停车检查； (7) 提高蒸发系统的液位
蒸发温度过低	(1) 制冷剂不足； (2) 节流阀开启过小； (3) 节流阀出现脏堵或冰堵； (4) 干燥过滤器堵塞； (5) 电磁阀未全打开或失灵； (6) 蒸发器结霜太厚	(1) 添加制冷剂到规定量； (2) 适当调节节流阀的开启； (3) 清洗、修理； (4) 清洗、更换； (5) 开启、更换； (6) 关小膨胀阀
油压过低	(1) 油压调节阀开启过大； (2) 油量不足（未达到规定油位）； (3) 油路管道或油过滤器堵塞； (4) 油泵故障； (5) 油泵转子磨损； (6) 油压表损坏，指示错误； (7) 喷油量过大； (8) 内部泄漏； (9) 油质不良	(1) 适当调节； (2) 添加冷冻机油到规定值； (3) 清洗； (4) 检查、修理； (5) 检修、更换； (6) 检修、更换； (7) 调整喷油阀，限制喷油量； (8) 检查更换"O"形环； (9) 更换油
油压过高	(1) 油压调节阀开启度太小； (2) 油压表损坏，指示错误； (3) 油泵排出管堵塞	(1) 适当增大开启度； (2) 检修、更换； (3) 检修
油温过高	油冷却器效果下降	清除油冷却器传热面上的污垢，降低冷却水温或增大水量

续表

故障现象	产生原因	处理方法
冷凝压力过高	(1) 冷凝器冷却水量不足； (2) 冷凝器传热面结垢； (3) 系统中空气含量过多； (4) 冷却水温过高	(1) 加大冷却水量； (2) 除垢； (3) 排放空气； (4) 开启冷却塔
润滑油消耗量过大	(1) 加油过多； (2) 奔油； (3) 油分离器效果不佳	(1) 放油到规定量； (2) 查明原因，进行处理； (3) 检修
油位上升	制冷剂溶于油内	关小节流阀，提高油温
吸气压力过高	(1) 节流阀开启过大或感温包未扎紧； (2) 制冷剂充灌过多； (3) 系统中有空气	(1) 关小节流阀，正确捆扎； (2) 放出多余制冷剂； (3) 排放空气
制冷量不足	(1) 吸气过滤器堵塞； (2) 压缩机磨损后间隙大； (3) 冷却水量不足或水温过高； (4) 蒸发器配用过小； (5) 蒸发器结霜太厚； (6) 膨胀阀开得过大或过小； (7) 干燥过滤器堵塞； (8) 节流阀脏堵或冰堵； (9) 系统内有较多空气； (10) 制冷剂充灌不足； (11) 蒸发器内有大量润滑油； (12) 电磁阀损坏； (13) 膨胀阀感温包内工质泄漏； (14) 冷凝器或贮液器的出液阀未开启或开启度过小； (15) 制冷剂泄漏过多； (16) 能量调节指示不正确； (17) 喷油量不足	(1) 清洗； (2) 检修更换； (3) 调整水量，开启冷却塔； (4) 减小热负荷或更换蒸发器； (5) 定期融霜； (6) 按工况要求调整阀门开启度； (7) 清洗； (8) 清洗； (9) 排放空气； (10) 添加至规定值； (11) 回收冷冻机油； (12) 修复或更换； (13) 修复或更换； (14) 开启出液阀到适当； (15) 查出漏处，检修后添加制冷剂； (16) 检修； (17) 检修油路、油泵，提高油量
压缩机结霜严重或机体温度过低	(1) 热力膨胀阀开启过大； (2) 系统制冷剂充灌量过多； (3) 热负荷过小； (4) 热力膨胀阀感温包未扎紧或捆扎位置不正确； (5) 供油温度过低	(1) 适当关小阀门； (2) 排出多余的制冷剂； (3) 增加热负荷或减小冷量； (4) 按要求重新捆扎； (5) 减小油冷却器冷却水量
压缩机能量调节机构不动作	(1) 四通阀不通，控制回路故障； (2) 油管路或接头处堵塞； (3) 油活塞间隙大； (4) 滑阀或油活塞卡住； (5) 指示器故障（定位计故障、指针凸轮装配松动）； (6) 油压过低	(1) 检修或更换； (2) 检修、清洗； (3) 检修或更换； (4) 拆卸检修； (5) 检修； (6) 调节油压调节阀

续表

故障现象	产 生 原 因	处 理 方 法
压缩机轴封漏油（允许值为6滴/min）	(1) 轴封磨损过量； (2) 动环、静环平面度过大或擦伤； (3) 密封阀、"O"形环过松、过紧或变形； (4) 弹簧座、推环销钉装配不当； (5) 轴封弹簧弹力不足； (6) 轴封压盖处纸垫破损； (7) 压缩机与电动机不同轴度过大引起较大振动	(1) 更换； (2) 研磨，更换； (3) 更换； (4) 重新装配； (5) 更换轴封弹簧； (6) 更换纸垫； (7) 重新校正同轴度
压缩机运行中油压表指针振动	(1) 油量不足； (2) 精过滤器堵塞； (3) 油泵故障； (4) 油温过低； (5) 油泵吸入气体； (6) 油压调节阀动作不良	(1) 补充油； (2) 清洗精过滤器； (3) 检修或更换油泵； (4) 提高油温； (5) 查明原因进行处理； (6) 调整或拆修
停机时压缩机反转不停（反转几转属正常）	吸气止回阀故障（如止回阀卡住、弹簧弹性不足或止回阀损坏）	检修或更换
蒸发器压力或压缩机吸气压力不等	(1) 吸气过滤器堵塞； (2) 压力表故障； (3) 压力传感元件故障； (4) 阀的操作错误； (5) 管道堵塞	(1) 清洗过滤器； (2) 检修、更换压力表； (3) 更换压力感元件； (4) 检查吸入系统； (5) 检查、清理
机组奔油	(1) 在正常情况下发生奔油主要是由于操作不当引起的； (2) 油温过低； (3) 供液量过大； (4) 增载过快； (5) 加油过多； (6) 热负荷减小	(1) 注意操作； (2) 提高油温； (3) 关小节流阀； (4) 分几次增载； (5) 放油到适量； (6) 增大热负荷或减小冷量
润滑油进入蒸发器和冷凝器	(1) 吸气带液； (2) 油温低于20℃； (3) 停机时，吸气止回阀卡住	(1) 关小冷凝器出液阀； (2) 将油温升至30℃以上； (3) 检修吸气止回阀
制冷剂大量泄漏	(1) 蒸发器传热管冻裂； (2) 传热管与管板胀管处未胀紧； (3) 机体的铸件由于型砂质量较差或铸造工艺不合理而形成砂眼和裂纹； (4) 密封件磨损或破裂，如吸、排气阀阀杆和阀体"O"形环老化、磨损导致泄漏	(1) 更换冻裂的传热管； (2) 将蒸发器、冷凝器端盖拆下检查胀管处，有泄漏重新胀紧； (3) 修补； (4) 更换密封件
石墨环炸裂	(1) 由于冷却水系统中混入空气或循环不畅，冷凝器内制冷剂冷凝困难，压缩机排气压力上升，轴端动、静环密封油膜被冲破，出现半干或干摩擦，在摩擦热力作用下石墨环产生炸裂； (2) 压缩机启动时增载过快，高压突然增大使石墨环炸裂； (3) 轴封的弹簧及压盖安装不当使石墨环受力不均造成破裂； (4) 轴封润滑油的压力和黏度影响密封动压液膜的形成而造成石墨环炸裂	(1) 停机更换，排除冷却水系统中的空气，降低排气压力； (2) 更换，压缩机启动时应缓慢增载； (3) 停机更换，注意更换时使其受力均匀； (4) 停机更换，注意油压，黏度过低时应更换符合质量标准的润滑油

10. 溴化锂吸收式制冷机组的常见故障及处理方法

溴化锂吸收式制冷机组的常见故障及处理方法见表 6-17、表 6-18、表 6-19 所示。

溴化锂吸收式制冷机组的常见故障及处理方法　　　　　表 6-17

故障现象	产生原因	处理方法
机组无法启动	(1) 控制电源开关断开； (2) 无电源进控制箱； (3) 控制箱熔丝熔断	(1) 合上控制箱中控制开关及主空气开关； (2) 检查主电源及主空气开关； (3) 检查回路接地或短路，换熔丝
启动时运转不稳定	(1) 运转初期高压发生器泵出口阀开启度过大，送往高压发生器的溶液量过大； (2) 通往低压发生器的阀的开启度过大，溶液输送量过大； (3) 机器内有不凝性气体，真空度未达到要求； (4) 冷却水温度过低，而冷却水量又过大	(1) 将蒸发器的冷剂水适量旁通入吸收器中，并将阀的开启度关小，让机器重新建立平衡； (2) 适当关小此阀，使液位稳定于要求的位置； (3) 启动真空泵，使真空度达到要求； (4) 适当减少冷却水量
启动时溴化锂溶液结晶	(1) 机组内有空气； (2) 抽气不良； (3) 冷却水温太低	(1) 抽气、检查原因； (2) 检查抽气装置； (3) 调整冷却水温度
运转时溴化锂溶液结晶	(1) 蒸汽压力过高； (2) 冷却水量不足； (3) 冷却水传热管结垢； (4) 机组内有空气； (5) 冷剂泵或溶液泵不正常； (6) 稀溶液循环量太少； (7) 喷淋管喷嘴严重堵塞； (8) 冷媒水温度过低； (9) 高负荷运转中突然停电； (10) 安全保护装置发生故障	(1) 调整蒸汽压力； (2) 调整冷却水量； (3) 清除冷却水传热管污垢； (4) 抽气并检查原因； (5) 检查冷剂泵和溶液泵； (6) 调整稀溶液循环量； (7) 清洗喷淋管喷嘴； (8) 调整冷媒水温度； (9) 关闭蒸汽； (10) 检查电路和安全保护装置并加以调整
停车后的溴化锂溶液结晶	(1) 溶液稀释时间太短； (2) 稀释时冷剂水泵停下来； (3) 稀释时冷却水泵和冷媒水泵停下来； (4) 停车后蒸汽阀未全关闭； (5) 稀释时外界无负荷； (6) 机器周围环境温度太低	(1) 增加稀释时间，使溶液温度达 60℃ 以下，各部分溶液充分均匀混合； (2) 检查冷剂水泵； (3) 检查冷却水泵和冷媒水泵； (4) 关闭蒸汽阀门； (5) 稀释时必须施有外界负荷，无负荷时必须打开冷剂水旁通阀，将溶液稀释，使之在温度较低的环境条件下不产生结晶； (6) 打开冷剂水旁通阀，将溶液稀释，使之在温度较低的环境条件下不产生结晶
冷剂水污染	(1) 送往高压发生器的溶液循环量过大，液位过高； (2) 送往低压发生器的溶液循环量过大，液位过高； (3) 冷却水温度过低，而冷却水量过大； (4) 送往高压发生器的蒸汽压力过高	(1) 适当调整送往高压发生器通路上阀的开启度，使液位合乎要求； (2) 适当调整送往低压发生器通路上阀的开启度，使液位合乎要求； (3) 适当减少冷却水的水量； (4) 适当调整蒸汽压力

续表

故障现象	产生原因	处理方法
"循环故障"指示灯亮，报警铃响 (1) 高压发生器出口溶液温度超过限定温度； (2) 低压发生器出口溶液温度超过限定温度； (3) 稀溶液出口温度低于25℃； (4) 高压发生器出口浓溶液压力超过0.02MPa	(1) 蒸汽压力太高； (2) 机组内有空气； (3) 冷却水量不足，进口温度太高或传热管结垢； (4) 蒸发器中冷剂水被溴化锂污染； (5) 高压发生器溶液循环量太小； (6) 低压发生器溶液循环量太小； (7) 冷却水进口温度太低； (8) 溶液热交换器结晶； (9) 高压发生器传热管破裂； (10) 低压发生器传热管破裂	(1) 降低蒸汽压力； (2) 抽真空至规定值； (3) 检查传热管，若结垢，清洗； (4) 冷剂水再生； (5) 检查冷却水的流量、温度； (6) 调节机组稀溶液循环量； (7) 升高冷却水进口温度； (8) 检查机组是否结晶，若结晶，融晶处理； (9) 检查机组的压力值，判断传热管是否破裂； (10) 检查机组的压力值，判断传热管是否破裂
"冷媒水缺"指示灯亮，报警铃响 (1) 冷媒水泵不工作； (2) 冷媒水量太少，压差继电器因压差小于0.02MPa而动作	(1) 冷媒水泵损坏或电源中断； (2) 冷媒水过滤器阻塞； (3) 水池水位过低，使水泵吸空	(1) 检查电路和水泵； (2) 检查冷媒水管路上的过滤器； (3) 检查水池水位
"冷却水断"指示灯亮，报警铃响	(1) 冷却水泵损坏或电源中断； (2) 冷却水过滤器阻塞	(1) 检查电路和水泵； (2) 检查冷却水管路上的过滤器
"蒸发器低温"指示灯亮，报警铃响	(1) 制冷量大于实际负荷； (2) 冷媒水出口温度太低	(1) 关小蒸汽阀，降低蒸汽压力； (2) 调整工作的机组台数
运转中机组突然停车	(1) 电源停电； (2) 冷剂水低温继电器不动作； (3) 电动机因过载而不运转； (4) 安全保护装置动作而停机	(1) 检查供电系统，排除故障，恢复供电； (2) 检查温度继电器动作的给定值，重新调整； (3) 查找过载原因，使过载继电器复位； (4) 查找原因，若继电器给定值设置不当，则重新调整
蒸发器冻结	(1) 冷媒水出口温度太低； (2) 冷媒水量过小； (3) 安全保护装置发生故障	(1) 对蒸发器解冻； (2) 检查冷媒水温度和流量，消除不正常现象； (3) 检查安全保护装置动作值，重新调整
制冷量低于设计值	(1) 稀溶液循环量不适当； (2) 机器的密封性不良，有空气泄入； (3) 真空泵性能不良； (4) 喷淋装置有阻塞，喷淋状态不佳； (5) 传热管结垢或阻塞；	(1) 调节阀门开度、使溶液循环量合乎要求； (2) 开启真空泵抽气，并检查泄漏处； (3) 测定真空泵性能，并排除真空泵故障； (4) 冲洗喷淋管； (5) 清洗传热管内壁污垢与杂物；

续表

故障现象	产 生 原 因	处 理 方 法
制冷量低于设计值	(6) 冷剂水被污染； (7) 蒸汽压力过低； (8) 冷剂水和溶液注入量不足； (9) 溶液泵和冷剂泵有故障； (10) 冷却水进口温度过高； (11) 冷却水量或冷媒水量过小； (12) 结晶； (13) 表面活性剂不足	(6) 测量冷剂水相对密度，若超过1.04时，进行冷剂水再生； (7) 调整蒸汽压力； (8) 添加适量的冷剂水和溶液； (9) 测量泵的电流，注意运转声音，检查故障，并予以排除； (10) 检查冷却水系统，降低冷却水温； (11) 适当加大冷却水量和冷媒水量； (12) 排除结晶； (13) 补充表面活性剂
屏蔽泵汽蚀	(1) 溶液质量分数过高； (2) 冷剂水与溶液量不足； (3) 热交换器内结晶，发生器液位升高； (4) 冷剂泵运转时冷剂水旁通阀打开； (5) 负荷太低； (6) 稀释运转时间太长	(1) 检查热源供热量和机组是否漏气； (2) 添加冷剂水与溶液至规定数量； (3) 将冷剂水旁通至吸收器中，根据具体情况注入冷剂水或溶液； (4) 关闭冷剂水旁通阀； (5) 按照负荷调节冷剂泵排出的冷剂水量； (6) 调节稀释控制继电器，缩短稀释时间
真空泵抽气能力下降	(1) 真空泵故障： ①排气阀损坏； ②旋片弹簧失去弹性或折断，旋片不能紧密接触定子内腔，旋转时有撞击声； ③泵内脏污及抽气系统内部严重污染 (2) 真空泵油中混有大量冷剂蒸汽，油呈乳白色，黏度下降，抽气效果降低 ①抽气管位置布置不当； ②冷剂分离器中喷嘴堵塞或冷却水中断 (3) 冷剂分离器结晶	(1) 检查真空泵运转情况，拆开真空泵： ①更换排气阀； ②更换弹簧； ③拆开清洗 (2) 更换真空泵油： ①更改抽气管位置，应在吸收器管簇下方抽气； ②清洗喷嘴，检查冷却水系统 (3) 清除结晶
冷媒水出口温度越来越高	(1) 外界负荷大于制冷能力； (2) 机组制冷能力降低； (3) 冷媒水量过大	(1) 适当降低外界负荷； (2) 见制冷量低于设计值的排除方法； (3) 适当降低冷媒水量
自动抽气装置运转不正常	(1) 溶液泵出口无溶液送至自动抽气装置； (2) 抽气装置结晶	(1) 检查阀门是否处于正常状态； (2) 清除结晶

真空泵常见故障及其处理方法　　表 6-18

故障现象	产 生 原 因	处 理 方 法
极限真空达不到要求	泵腔内配件间隙超差，轴封不严密，旋片弹簧折断，真空泵油缺少或乳化，密封件损坏等	检查后，进行检修或更换新品，放掉乳化油，加添新油至合理数量
运转时发出"啪啪"的响声	旋片弹簧失灵，旋片撞击缸腔壁，泵腔内进入溴化锂溶液	更换新弹簧，做彻底清洗，更换新油
油温超过40℃	排气量大，冷却水量少或水温高，油量不足，旋片和缸壁接触面粗糙	减少排气量，增加冷却水量，添加或更换新油，进行检修，提高光洁度
振动双振幅超过0.5mm	排气量过大，轴承游隙超差，油量过多	减少排气量，检查轴承质量，排放真空泵油

屏蔽泵常见故障及其处理方法　　　　　表 6-19

故障现象	产 生 原 因	处 理 方 法
通电后，电泵不能启动，发出嗡嗡的声音	(1) 电源电压过低； (2) 三相电源有一相断电； (3) 电泵绕组烧坏	(1) 必须调整电压使其在 342～418V 范围； (2) 检查线路是否良好，接头处是否接触良好； (3) 必须进行大修，调换线圈
运行中电泵迅速发热，转速下降	(1) 电压过低，电流增大，使线圈发热； (2) 二相运转； (3) 过滤器阻塞； (4) 定转子之间相摩擦； (5) 电泵绕组短路	(1) 调整电压； (2) 检查线路及接头是否良好； (3) 检查过滤器并清查过滤网； (4) 轴承磨损大，调换轴承； (5) 必须进行大修，调换线圈
电动机启动时熔丝烧坏或跳闸	(1) 电泵叶轮卡住； (2) 电动机线圈短路； (3) 定子屏蔽套破裂，液体进入线圈，绝缘电阻下降，绕组对地击穿	(1) 拆开检查，清除垃圾； (2) 调换线圈； (3) 进行大修，调换线圈及屏蔽套
泵不出液体或流量、扬程不够	(1) 泵内或吸入管内留有空气； (2) 吸上扬程过高或灌注头不够； (3) 管路漏气； (4) 电泵或管路内有杂物堵塞； (5) 电路断线，轴承扼住轴而不转	(1) 开启旋塞，驱除空气； (2) 减少吸入管阻力，增大进口压力； (3) 检查并拧紧； (4) 检查并清理； (5) 检查并清理
消耗功率过大	(1) 密封圈磨损过多； (2) 转动部分与固定部分发生碰擦	(1) 更换叶轮或密封环； (2) 进行检查，排除碰擦
泵发生振动	(1) 泵内或吸入管内有空气； (2) 吸上扬程过高或灌注头不够； (3) 轴承损坏； (4) 转子部分不平衡引起振动； (5) 泵内或管路内有杂物堵塞	(1) 开启旋塞，驱除空气； (2) 降低标高，减少吸入阻力； (3) 更换轴承； (4) 作检查并消除之； (5) 作检查并消除之

思 考 题 与 习 题

1. 空气调节系统的启动应如何操作？
2. 空气调节系统正常停机的操作要求有哪些？
3. 空气调节系统的运行管理主要有哪些内容？
4. 试编制大型中央空调机组运行的值班制度。
5. 对空调系统操作维护人员的"三好"、"四会"，各指哪些基本要求？
6. 氟利昂活塞式制冷压缩机的开机应如何操作？
7. 简述螺杆式制冷压缩机的正常开机有哪些步骤？
8. 若风机盘管机组的冷风效果不良，试从哪几个方面分析其原因？
9. 制冷机组需长期停机时，应怎样操作停机过程？停机后如何保护？
10. 活塞式压缩机制冷系统混入空气后会产生哪些问题？如何发现混入了空气和如何排除空气？
11. 送风状态参数与设计不符时，可从哪些方面去分析原因？
12. 空调系统送风量与设计值不符时，可能有哪些方面的原因？
13. 冷却塔常见的故障有哪些？
14. 试分析空调系统运行中机组露点温度正常但空调房间内降温慢的原因。
15. 试分析空调系统运行中，由于送风气流中夹带水滴过多而导致空调房间内相对湿度异常的原因。

16. 试分析活塞式制冷压缩机曲轴箱压力升高的原因，并提出解决办法。

17. 如果试运行时出现活塞式制冷压缩机排气压力比冷凝压力高，或吸气压力比正常蒸发压力低，应如何查找原因？

18. 压缩机结霜可能由哪些故障引起？如何排除？

19. 试分析螺杆式制冷压缩机运行中突然停车的原因。

20. 使溴化锂吸收式制冷机组运行时溶液结晶的故障原因有哪些？如何避免溶液结晶？

参 考 文 献

1. 薛殿华主编．空气调节．北京：清华大学出版社，2000
2. 何耀东，何青主编．中央空调．北京：冶金工业出版社，2002
3. 张学助，张朝晖编著．通风空调工长手册．北京：中国建筑工业出版社，2000
4. 王智伟，杨振耀主编．建筑环境与设备工程实验及测试技术．北京：科学出版社，2004
5. 王寒栋主编．制冷空调测控技术．北京：机械工业出版社，2004
6. 吴松勤主编．建筑工程施工质量验收规范应用讲座．北京：中国建筑工业出版社，2003
7. 陕西省第一设备安装工程公司等编．空调调试．北京：中国建筑工业出版社，1977
8. 陆亚俊，马最良，邹平华编著．暖通空调．北京：中国建筑工业出版社，2003
9. 夏云铧主编．中央空调系统应用与维修．北京：机械工业出版社，2004
10. 张吉光等编著．净化空调．北京：国防工业出版社，2003
11. 图绘编绘组编．通风空调制冷工程．建筑工程设计施工系列图集．北京：中国建材工业出版社，2003
12. 刘庆山，刘屹立，刘翌杰编．暖通空调安装工程．北京：中国建筑工业出版社，2003
13. 李援瑛主编．空调系统运行管理与维护．北京：人民邮电出版社，2001
14. 孙见君主编．空调工程施工与运行管理．北京：机械工业出版社，2003
15. 盖仁栢主编．通风与空调安装工程（第二版）．北京：机械工业出版社，2003
16. 金练，欧阳耀等编著．暖卫通风空调技术手册．北京：中国建筑工业出版社，2003
17. 范惠民主编．通风与空气调节工程．北京：中国建筑工业出版社，1997
18. 冯玉琪、徐育标、吕关宝主编．新编实用空调制冷设计、选型、调试手册．北京：电子工业出版社，1997
19. 路延魁主编．空气调节设计手册（第二版）．北京：中国建筑工业出版社，1995
20. 赵荣义主编．简明空调设计手册．北京：中国建筑工业出版社，1998
21. 刘政满主编．建筑设备运行与调试．北京：中国电力出版社，2004
22. 赵培森，竺士文，赵炳文．设备安装手册．北京：中国建筑工业出版社，1997
23. 龚崇实，王福祥．通风空调工程安装手册．北京：中国建筑工业出版社，1989
24. 陈一才编著．大楼自动化系统设计手册．北京：中国建筑工业出版社，1997
25. 李金川，郑智慧编著．空调制冷自控系统运行与管理．北京：中国建材工业出版社，2002
26. 白公编著．怎样阅读电气工程图．北京：机械工业出版社，2004
27. 张子慧，黄翔，张景春编著．制冷空调自控系统．北京：机械工业出版社，2001
28. 朱伟峰，江亿等．空调冷冻站和空调系统若干常见问题分析．暖通空调，2000（6）：4~11
29. 单翠霞主编．制冷与空调自动化．北京：中国商业出版社，1999
30. 郭庆堂主编．简明空调用制冷设计手册．北京：中国建筑工业出版社，1997
31. 李金川编著．空调运行管理手册．上海：上海交通大学出版社，2000
32. 张子慧编．空气调节自动化．北京：科学出版社，1982